U0146593

海會寺

紅毛樓
大井頭

台灣民俗消遣

文・攝影／黃文博

認識台灣，智慧同長

——寫在《台灣智慧叢刊》之前

▲脚抬高一點才不會燒到那裡。

在這樣的一個時代裡，什麼樣的東西，才值得你的一愛或者一哭呢？

這個時代，總是有太多華麗的故事，太多虛幻的情感、太多的感動和太多的恩怨與愛恨……尤其在許多年輕的生命中，往往只是一個季節的凋零，一堆美麗的詞句，便可交付所有的激情；再不然，便是全力地追逐金錢與物慾的遊戲，沈醉在聲光舞影的歲月中，卻總不肯花一點點的精神，去體會深一點點的情感與現實的面貌。

這彷彿就是這時代悲劇的縮影罷！除了夢與激情，便是金錢與物慾；我們隨所慾爲的取用這土地上的資源，任意的糟蹋這個海島，卻又有誰眞正關心這個海島，認識我們的家園——台灣呢？

●

認識台灣，認識我們的家園，眞的會是一件很困難的事嗎？

不管會？或者不會？什麼樣的答案也許都

▲左邊的是孫悟空，右邊的是豬八戒，但我不是唐三藏。

不是頂重要的，最重要的是，這世上，恐怕再也找不到第二個會出現同樣問題的地方？

不是嗎？無論是在科技領先的歐美集團，或者是飢荒成災的第三世界，每一塊土地上的人民，對於自己的鄉土，不管是愛或恨，總有一份基礎性的、卻也清清楚楚的認知。

在台灣，由於人文教育的缺乏，我們的年輕朋友有太多的時間，卻只能去體會一棵樹的哀樂；在政治力量主導的教育下，我們有多少青年學生，認識的鄉土是青康藏高原，甚至是密西西比河；許許多多的台灣子弟，背誦的是隋唐五代史，卻永遠無從知道有多少先民，在這島上披荆斬棘……

認識台灣，竟然眞的成爲許多人最大的困難和疑惑？

面對這樣的事實與現狀，除了感到悲哀和無奈，是不是我們就讓這個時代，就這般無奈地過去呢？或者……

幸好，這一切無知和封閉都將結束了。這些年來，島上無數肯犧牲、願奉獻的人們，踏著過去每個時代先民們堅毅不屈的脚印，不肯停息的打拼與奮鬥，突破了無數禁忌，在這個波瀾壯濶的世代，展現台灣悲壯的歷史、豐富的文化與獨特的美。更重要的是，有更多熱情年輕的朋友們，不願意再那麼輕易地把悲喜交付給華麗的文詞，不肯再沈迷於輕知識的消費文化中，他們辛辛苦苦地剝開一層層的隔閡與疑惑，一點一滴地認識眞正跟自己生命相連的文化，並如同吸吮母親的奶水般，吸收著每段歷史的悲歡，吸收著

每塊土地的養份，吸收著每一位先民的風骨與尊嚴……

這必然是一個完全屬於我們的世代，當我們共同為台灣付出愛與關懷時，所有的希望也將同時展開！

●

一九八九年初，我們創立臺原出版社，推出第一套《協和台灣叢刊》時，那時候只有一個純粹的想法，是希望重建台灣文化的尊嚴，並且把他推向世界舞台。往後，我們陸續推出的叢書中，獲得各界的推崇與讀者熱烈的迴響，十足肯定了我們的想法與做法；更令我們驚訝的是，在所獲得的讀者回函中，最低年齡竟只有十五歲，還只是個國中二年級的年輕朋友啊！這與我們當初規劃，二十五歲至四十五歲的年齡層至少相差十歲，一方面，我們當然自豪能夠開拓出這些仍在成長中的讀者；但同時令我們憂慮的是：由於台灣本土知識性叢書的缺乏，什麼樣的東西可以領導、開發這些剛開始對台灣本土產生興趣的朋友呢？

這樣的前題下，我們開始計劃一套更具普遍性與入門性的台灣知識叢書，這套書裡，我們不要長篇大論，也不希望三句一註、五句一釋，卻要求全部都是眞實的，具有歷史性與知識性的讀物，我們相信，擺脫過去寫論文的舊窠臼，透過這樣完全自由的表現方式，必然可以讓更多有心的朋友，能以最輕鬆、愉快的方式認識台灣，認識這土地上最美的風土、最精緻的文化、最豐富的資源與

▲拍的時候要注意我的表情，就此拜託。

▲他很醜，不過他很溫柔。

特產……

更重要的是，認識這土地三百年來不屈的歷史與人民堅毅的臉孔，並和他們的智慧一同成長！

您怎能拒絕智慧呢？今天起，就讓《台灣智慧叢刊》和每一位關愛台灣的朋友共同成長吧！

林經甫 勃仲

消遣神，消遣人

——《台灣民俗消遣》自序

民俗，你說它很嚴肅，它確實很嚴肅，你說它很輕鬆，它的確也很輕鬆，端看你由什麼角度用什麼心情去看它，在嚴肅的民俗現象裡，絕對有輕鬆的一面，當然囉，在輕鬆的俗信世界中，也必有其嚴肅的一面，看它、參與它、說它、批判它，就得拿捏得準，否則，只有嚴肅而無趣味，過於輕鬆則失尊重。

神是偉大的，偉大得可以叫祂的子民五體投地，磕爛額頭；不過有時候神也很吃鱉，吃鱉得被祂的子民斷手剁脚，身首異處，神不神，靈不靈，似乎皆只在咱們這種「人」的一念之間，而功

▶這兩條魚不是要煎的，是要戴的啦！

利與現實恐怕是這個「一念」的主要關鍵，既然如此，神也就沒什麼不能說不能談的了，而說人談人，那就更不在話下了。

人因神而聚，神依人而興，在此一人神互動相助的信仰世界裡，人意附會於神意，神意充滿著人意，稍一不慎，便無可適從，但在訊息的傳達間，細加觀察，仍可看出眞象，這些現象就是我「消遣」的對象，不管是神還是人；儘管筆調輕鬆，不過我的態度還是嚴肅的。

《台灣民俗消遣》是我「民俗記趣」系列的第二本集子，有了《中國時報》〈寶島版〉的這個專欄，才有這些「不傷腦筋，純屬消遣」的雜記出爐，感謝主編湯碧雲小姐的捧場，與好友劉還月兄的促成。

◀按爾無夠媠喔？我換一個「波斯」才攝啦！

◀這不是愛福好，是康貝特啦！

消遣神與人
台灣民俗消遣

黃文博／著

第一輯／現象篇

第二輯／遊境篇

第三輯／神仙篇

第四輯／西天篇

第一輯／

現象篇

度晬抓週卜運途

也許您不知道什麼叫「初生禮俗」，什麼叫「生命禮俗」，但只要提到「剃頭」、「滿月」、「收涎」、「度晬（do³ jie³）」等等儀禮，說不定會有似曾相識之感，這些就是生命禮俗當中最早和人發生關係的初生禮俗。

初生禮俗最重要也最隆盛慶賀的，當屬「度晬」，也就是「週歲」，民間叫「做度晬」（做週歲）—做第一個生日；這天，弄璋人家除了準備牲禮、紅龜粿祭拜神明、祖先之外，有錢或「好不容易得子」人家，也會擺桌宴請親朋好友大肆慶賀一番，更有許願謝戲（通常是布袋戲）的，這也算是娛興節目吧！而一般人家，即使不宴客舖張，在祭神拜祖過後，通常都會分送一些紅龜、水餅等的小吃給左鄰右舍同享喜氣，這就是農業社會最富人情味的「分餅」習俗，直到今天，中南部仍有數地每年尙按時舉行，只是僅限於男嬰，女嬰則沒這份福氣。

「做度晬」這天，媽媽那一頭的「外家」，必須送「頭尾」前來慶祝。所謂「頭尾」，就是這個「度晬囝仔」（do³ jie³ gin¹ a²）從頭到脚要戴要穿的衣飾和配物，如衣、褲、金鍊等等，今人爲省麻煩，已多「折合」現金作爲賀禮了；其實，不只「做度晬」而已，打從「做滿月」、「做四月日」起，只要有任何初生禮俗，外家都得前來送「頭尾」，而「外媽」通常是此一外家的財政部長兼外交部長，所以民間給她的外號是「剝皮媽」。

不過，剝皮只剝兩層皮，送頭尾的對象，一般僅限於男女的頭胎而已，這叫做「頭胎二胎吃外家」；當然囉，如果外婆荷包滿滿，每胎都要送「頭尾」來的話，相信沒人會反對的。想來也眞有趣；

送女兒給人家做老婆，替人家生了孩子，還得花錢去慶賀，又得裝出「皮」被剝得很高興的樣子！

想想，難怪大家都喜歡弄璋之喜，尤其是女人（婆婆）最愛女人（媳婦）生男人，不是嘛？也許這就是咱們幾千年來的傳宗情結和「傳種」包袱吧！

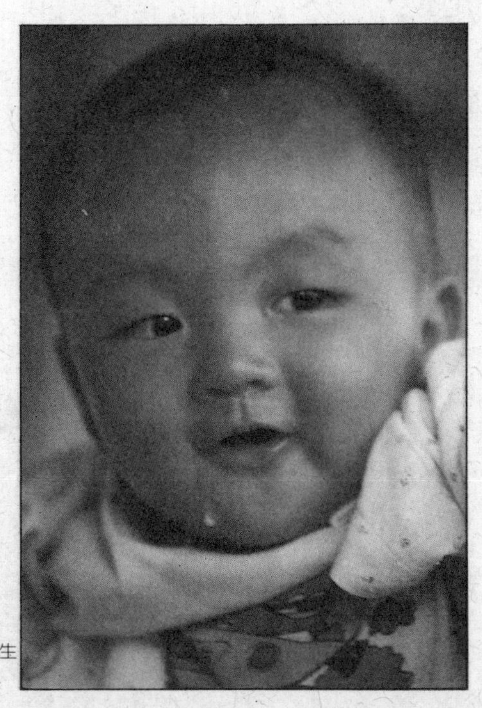

▶通常抓周都在周歲慶生會上舉行。

想想，男人（老公）眞該好好對待女人（老婆），要不然怎能對得起這頭的女人（老婆）和那頭的女人（丈母娘）！

而在整個度晬禮中，最有民俗趣味的，要算是「抓週」了。「抓週」也叫「試週」、「抓福」或「試兒」，這是古代的「晬盤」之儀，有人稱之爲「中國式的性向測驗」，一九九〇年底，統一企業公司曾在台南市舉辦過一次這種親子遊戲，活動名稱叫「小寶寶抓願望週歲」，報載參加者「民衆數千人」，如果眞有這麼多人的話，那可是一場混仗呀！

「抓週」是做度晬中的一項趣味節目，通常在祭神拜祖後的大

◀抓到玩具一輩子就玩玩具或製造玩具？

廳舉行，「玩」法是這樣：在一個「米篩」內放置十二樣物品，然後讓這位「度晬囝仔」坐在中央或抱著他任抓一樣，據以預卜他的未來命運或興趣，這十二樣物品和它所代表的「命運或興趣」是這樣的：

①書—讀書人；教師。

②筆—畫家；文學家。

③墨—畫家；書法家。

④秤仔—小商人。

⑤算盤—大商人。

⑥錢幣—有錢人；銀行業。

⑦泥土—農人。

⑧雞腿—有食祿之人。

⑨豬肉—有食祿之人。

⑩蔥仔—「蔥」、「聰」同音，意寓將來很聰明。

⑪芹菜—「芹」、「勤」同音，意寓將來很勤勞。

⑫印仔—做大官。

十二樣物品並無一定規制，因地因人而異，有些地方以「蒜」（算）代替算盤，用稻草代替泥土，亦有人另加「尺」（代表工匠）的。如果跟得上時代，這十二樣物品有些似乎可以改變一下：

①筆—文學界。

②書—教育界。

③印章—公務員。

④鈔票—商業界。

⑤稻草—農業界。

⑥藥罐子—醫藥界。

⑦麥克風—演藝界。

⑧打火機—工業界。

⑨計算機—資訊界。

⑩乾電池—電器界。

⑪玩具車—交通界。

⑫玩具槍—軍警界。

這樣玩，包準其樂也融融，迷不迷信另外一回事，但求趣味而已！

除了十二樣物品之外，有些地方尚會準備「包仔」和「米香」（爆米花），包仔是象徵性的擦拭嬰兒小嘴用的，邊擦得邊唸好話：「臭嘴去，香的來」，說完丟掉或餵狗，之後趕緊給他吃點米香，表示眞的「香」已來到；這些動作，無非希望嬰兒「乳臭快乾」，其實，週歲以後的小孩，正是「乳臭漸乾」的年齡了，而這，何嘗不是爲人父母者對子女快快長大的一種殷殷期待？

常常，我在想，在即將進入廿一世紀的今天，在號稱世界第十二個經濟強國的台灣，我們的觀念，要到什麼時候才能眞正做到「男孩女孩一樣好，弄璋弄瓦都是寶」？我們的做法，要到什麼時候才能眞正使女生的度晬（甚至各種儀禮及各種待遇）也做得跟男生一樣的隆盛呢？

大環境當然是客觀因素之一，但掌握大半先機的，應該是那個叫女人（媳婦）生男人的女人（婆婆）—這頭當人家的婆婆，也

▼只要有笑容就是好寶寶，管他將來會成爲什麼家。

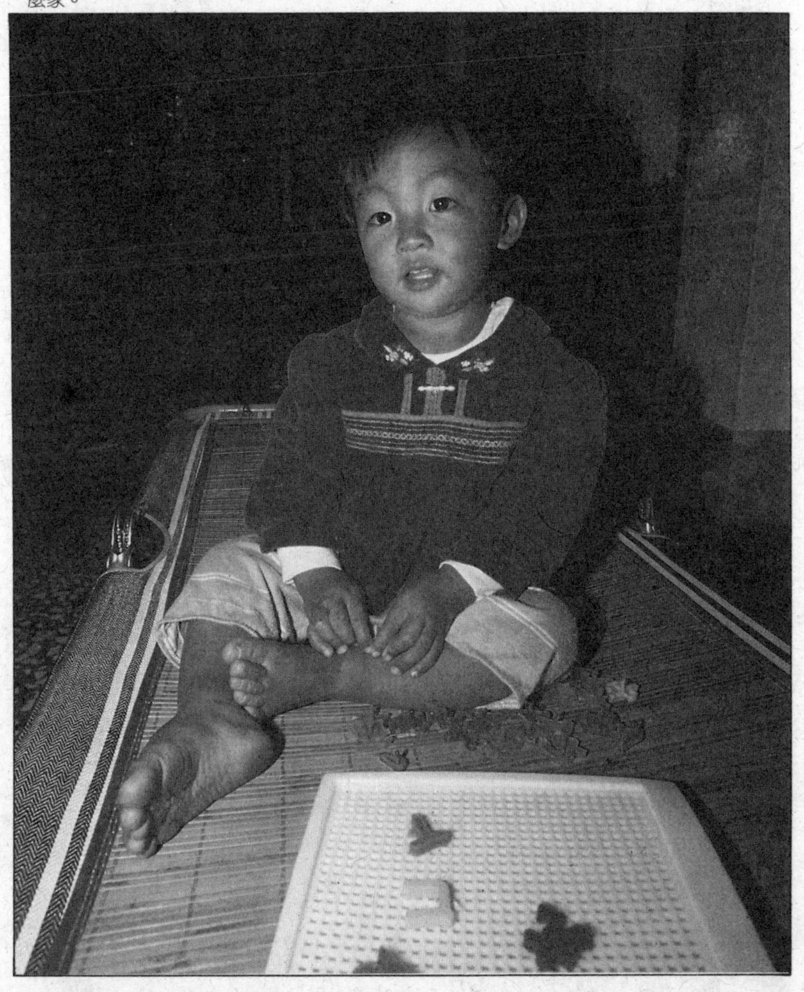

許那頭就是當人家的媽媽。

女人不爲女人爭取權益，那恐怕誰也爭取不了了！

願天下所有的女人，爲女人（女嬰）一起來扑（pa²;打）拼一扑拼做和男人一樣的度晬。

點燈點運點光明

不管您看不看、喜不喜歡，走進寺廟最先映入眼簾的，恐怕是燈泡塔的「光明燈」，盞盞明亮，層層發光，說它是台灣寺廟最怪異的信仰景觀，當受之無愧。

光明燈是由無數個小龕組合而成的塔狀圓錐物，每個小龕都有一個小燈泡，高度以七層至廿一層的最多見，目前最高紀錄是台南縣麻豆鎮代天府觀音寶殿的一對光明燈，各高達一百零八層，共有一萬七千六百零四盞，造價據說「才」一百萬元而已。

光明燈到底幹什麼用的呢？用途很單純，僅提供給十方善信點

◀光明燈是今天寺廟的生財之道，本輕利重。

燈之用。凡是希望求懺悔、祈解運、得光明、保平安，並祈求神明庇祐來年事事順利、生意興隆者，都可以申請登記，時間不限，但以神明聖誕期間爲多。

登記時，把自己的姓名、生辰八字（有的還包括住址）寫下，連同「點燈錢」交給寺廟的辦理人員，廟方除在記事簿上登錄之外，會將每人資料，用硃砂筆寫在小龕的玻璃（或壓克力）框上，也有寫在卡片上鑲在龕內的，這之後即可日夜點燈，而與神明同享寺廟香煙，以後每月的初一、十五，大的寺廟更會誦經唸懺，小的寺廟也會放放錄音帶，爲點燈善信祈壽祝福，期限是一年。

「點燈錢」有些地方叫「功德金」，但對寺廟而言，這只是「電費」而已，各地寺廟價格不一，由五十元到五百元的都有，大抵小寺廟收費較低，大寺廟則較高，一個願打一個願挨，雙方「歡喜甘願」，似乎也無話可說。

毫無疑問的，這是一種「生意」，對廣大善信而言，花個三、五百元就可以被「點」上一年，解運祈福兩相宜，求財得利總有時，至少「心理平安」嘛！何樂而不爲呢？難怪很多人不點則已，一點就來個全家福！

而對寺廟來說，這何嘗不是一種生財之道？薄利而多銷呀！以麻豆之例來看，全都點上的話，每盞兩百元計算，一年便有三百五十多萬元的收入，獲「利」高達兩倍以上，這也就是爲什麼小廟學大廟，大廟搞噱頭，大家有志一同拚命搞光明燈的主因了，難怪今天台灣寺廟到處都是這種會下金蛋的「金母雞」了。

尤有甚者，爲招來廣大善信，更在報章雜誌刊登廣告，一九八

◀這麼多的名冊，足見祈求光明者之衆。
▼台灣最高的光明燈，當然也是收入最高。

八年五月間便有這麼一則有趣的「點燈辦法」出現在媒體：「隨緣每盞五百元，盞數不限，四盞以上送愛心錶。」

光明燈，台灣二十世紀末的信仰怪胎，打油詩贊曰：

你點燈，我點燈，一盞一盞亮晶晶！

你點過，我點過，一盞一盞錢多多！

許願敲響平安鑼

不知道從什麼時候開始，我們的社會很流行敲大鑼辦活動，藉震鑠鑼聲以號召萬民，此鑼非凡鑼，美其名叫「愛心鑼」，愛每一個人的心中都有「愛心」，希望「人人敲響愛心鑼，心心相印手牽手」，冬令救濟敲一敲，傷殘捐獻敲一敲，重陽敬老也敲一敲……敲得許多人大發慈悲、猛掏腰包，但也敲得許多人不勝其煩、怨聲載道；大家有樣學樣，政府機關敲，民間社團敲，連寺廟也跟著一起敲，敲的鑼聲雖然一樣響，但名堂卻大異其趣，叫做「平安鑼」。

一九九一年十二月間南台灣某廟的主神保生大帝，突然降鑾指示：「時代洪流衝擊，社會風氣敗壞，道德沉淪，因果循環所引發大自然異常變化，怪病叢生，意外事故頻繁，世微道衰，必有災禍，衆信徒大德處於惡劣環境而不自覺……」所以大帝「憐憫蒼生，循循勸化，替天行道，特設『平安鑼』挽救世人……親自擊打平安鑼三聲，穩厚鑼聲將透過神人心靈的感應，虔誠上達以祈安。」

「平安鑼」設在正門「許願台」上，在恭請當地鎮長啓鑼過後，開放給十方善信「玩」，不分男女老幼、鰥寡孤獨盡在歡迎之列，不過不管你是誰，是大還是小，是公還是婆，要「玩」得先添點油香錢，公訂價格至少一百元，然後入廟上香並接受大帝的符水淨身，以示尊敬，最後走上「許願台」敲鑼三聲，聲聲有心願，廟裡的「統一」口號是這樣：

鑼聲第一響，祈求風調雨順；

鑼聲第二響，祈求國泰民安；

▼敲得響就有平安？平安
豈是如此便宜？

鑼聲第三響，祈求合境平安。

如果你覺得「公辦政見」太教條了，當然你也可以就你需要自己發明，就有人這樣唸：

鑼聲第一響，祈求事業成功趁（tan²；賺）大錢；

鑼聲第二響，祈求家庭美滿多福利；

鑼聲第三響，祈求身體健康吃百二。

◀信衆敲平安鑼前，先用符水淨身。

▶敲三次後得下來捐錢一次。

有位小姐認爲這些都很俗氣，便慫恿她的朋友上台敲打，她在旁邊這樣「捉刀」：

鑼聲第一響，祈求青春美麗好身材；

鑼聲第二響，祈求嬈嬌古錐人人愛；

鑼聲第三響，祈求白馬王子快快來。

你高興怎麼唸就怎麼唸，沒有人會管你，恐怕連保生大帝也不會，反正這是許願；不過，許許願或許會給自己帶來信心，至少這是一種奮鬥的理想。

「愛心鑼」是一種奉獻，一種「施」；「平安鑼」則是一種祈願，一種「得」，但在「得」之前還是得先有「施」一施給你祈願的神，也施給你祈願的人。

乞龜乞綵乞平安

烏龜一直是我們賀誕的最愛，只因牠長壽。雖然大家樂、六合彩興起之後，人人聞「龜」色變，但台灣民間的神明生時，龜還是被廣泛的應用著，麵龜、米龜、素龜、金海龜便都是善信送給神明的賀誕禮，不過，送歸送，賀歸賀，最後還是被送進咱們宏偉的五臟廟，這套「進廟」過程，最典型的信仰活動便是「乞龜」。

「乞龜」的龜，統稱為「壽龜」，最早是用糯米磨成粉或直接用麵粉加糖製造而成，前者叫「米龜」，後者叫「麵龜」或「粉龜」，今天的壽龜仍以這兩種最多，各地糕餅店都會製作。

「乞龜」的意思，就是向神明求乞壽龜回家吃平安，希望能因此而延齡增歲；求乞的方法，大致有兩種，一是「登記制」，只要來登記便可乞回，多用於多龜、小龜寺廟，採額滿為止方式；一是「跋杯制」，也就是擲筊決定，杯數多者乞回，多用於大龜或一龜之寺廟。

台灣的乞龜活動，南北皆有，多在神明生時舉行，其中以元宵節最多，最有名的是澎湖地區，舉辦寺廟之多、之頻繁，所用壽龜之大、之多樣，皆居全台之冠。

台灣的乞龜習俗，有這麼一項不成文規定，凡乞得壽龜者，翌年此時必須加倍或加成奉還，以表虔敬心意，並表示這一年事業有成，所以壽龜會逐年「長大」，而且還長得奇快無比，有若「灌風」，比如澎湖湖西鄉隘門村三聖殿的壽龜，一九八〇年時僅重二十台斤，五年後的一九八五年已重達兩千六百台斤，而目前最大的紀錄是，一九八八年馬公市山水北極殿的「麵粉龜」，重量是一萬五千台斤。

◀金錢龜是壽龜的濃縮，還是我們玩錢社會的縮影？

▼米包龜絕無沒人要的煩惱，所以造得再大也沒關係。

◀分贈龜肉，也許這也是一種社會福利吧！

這麼大的壽龜，乞得是一項光彩，但運回之後如何肢解消化，就很傷腦筋了，最好的辦法是分贈親友，像一九八九年馬公市城隍廟的五千台斤麵粉龜便是這樣；比較有趣的分贈法是：按人分贈，有人有份，全庄通吃，湖西鄉沙港村是一人三台斤，馬公市鐵線里是每戶十八台斤，各戶各家都吃得很辛苦，授者累，受者也累。

每次都這樣搞也不是辦法，一九八九年馬公市天后宮便設計用米包來堆砌壽龜，那隻重量是一萬二千八百台斤，做容易，分也輕鬆，這種「米包龜」誕生後，便成爲各廟模仿的對象，成爲今天壽龜的最佳造形。

不過，有人還是嫌麻煩，索性用黃金來打造，一九八九年馬公市山水北極殿就有這麼一隻，名曰「金海龜」，所用黃金計達四十兩，時價五十三萬元。

乞龜之外，民間還有一項「乞綵」，所乞之綵是八仙綵，意義與乞龜一樣，同爲乞平安─乞龜乞綵乞平安，乞東乞西乞嘴坑！

拜樹抱樹割樹皮

每屆植樹節，上自總統下至鄉鎮長，大家都忙著種一棵不必自己澆水的紀念樹，大官種得興高采烈，小官以後得澆得不亦樂乎，種來種去，澆來澆去，於是有人這樣感嘆：植樹節忙種樹，平常卻忙砍樹！

可不是嘛？台灣好像有這麼一個奇特景象：民間種小樹，政府砍大樹！

▶摸樹抱樹就能治百病，豈有放過之理！

▼聖樹信仰在台灣頗盛，因爲這樣而留下了高齡樹木，但也留下了明牌。

砍樹的理由，既堂皇又正當，不是拓建馬路，就是妨礙交通，要不是台灣民間有「樹大有神」的觀念，總算留下幾棵「不敢動」的神樹，否則一九九〇年底的全台「老樹普查」，恐怕只有到深山林內去找了！

如此看來，神樹信仰似乎也有了正面意義，在信仰形態的分類上，這就是「聖樹崇拜」，古今中外皆有，非獨咱們流行而已。

常見的神樹樹種，大致有榕樹、樟樹、茄苳樹、芒果樹、龍眼樹、刺桐樹、黑板樹等等，「成神」之後，通常被叫做「樹王公」、「大樹公」、「茄苳王」……鄉郊野村處處可見，小者身披紅布八仙綵，大者設爐塑像立祠廟，大家樂六合彩盛行期間，「明牌」出得最多、最靈的，就是這類神明，想當年日月晨昏人山人海，車水馬龍川流不息，而如今一年到頭人跡罕至，門可羅雀香斷煙絕，此一時、彼一時也！暴「興」也暴「落」啊！

當然，也有許多神樹並非靠明牌起家的，明牌熱過後，祂們還是興旺如常，台中縣豐原市社寮角的「五福臨門」（五種樹）、台南市安南區十二佃公學路的南天宮武聖廟（榕樹）、台南縣西港鄉西港村溪埔的保安宮（茄苳）、屏東縣里港鄉茄苳村的保安宮（茄苳）……便都是最具代表性的神樹聖地，其中西港保安宮在每年農曆十月中旬有拜樹王公爲「契父」的信仰活動，一年盛於一年；里港保安宮則在中秋節前後有長達半個月的進香熱潮，據說此樹尚與台中茄苳公、彰化茄苳王、高雄鼓山茄苳王等三樹締結金蘭，結爲兄弟樹的，樹兄樹弟，樹立了老樹與人的微妙感情！

神樹之外，還有一種「靈樹」，嘉義縣朴子鎮開元里的配天宮後殿，便有這麼一棵四季蘭，這是一九二〇年由湄洲帶回種植的，樹不大，但用鐵柵「保護」得很好，據說能和媽祖靈氣相通，所以能治百病，來此的香客，莫不抱樹磨擦一番，磨多了擦多了，樹幹也就亮多了！

抱樹能治病，老樹幹上的瘤狀疙瘩，聽說煮茶飲用更有效，儘管許多廟都說那是樹王公的天兵天將，不可無禮，但芸芸衆生卻「暗爽」在心裡：就是天兵天將才好！

於是，拜樹抱樹之餘，有時也偷偷的割下樹皮！

敬告
各位信徒需要茄苳王公
（葉、皮）者請求准筊令
宝興宮管理委員會

◀樹皮被割怕了，只好豎牌公告，可是牌子卻用釘的。

唸咒畫符好收驚

台灣有這麼一句俗諺：「無收驚的囝仔，飼膾大漢。」意思是說小孩都應該有過收驚的經驗。收驚在台灣，可用「家常便飯」來形容，小孩跌倒了，做媽媽做奶奶的，就會跑過來拍地、拍小孩的背，說：「土驚，囝仔 (gin¹ a²) 無驚！」一連說了數次；有人不小心落水被救起後，大人也會拿「飯篱」(bern³ le²；有洞的三角形飯斗) 來個「岸邊撈水，拍頭壓驚」一番……這些簡易的收驚方式，一般人都可以「土法煉鋼」，但如有小孩半夜驚夢、嚎哭不休或臉色青綠等等奇奇怪怪的異樣發生，爲人父母者便非帶去給專業的「收驚仙」或「收驚婆」收驚鎮嚇不可了！

現今流行於台灣民間的收驚方式，學界稱之爲「香米式收驚

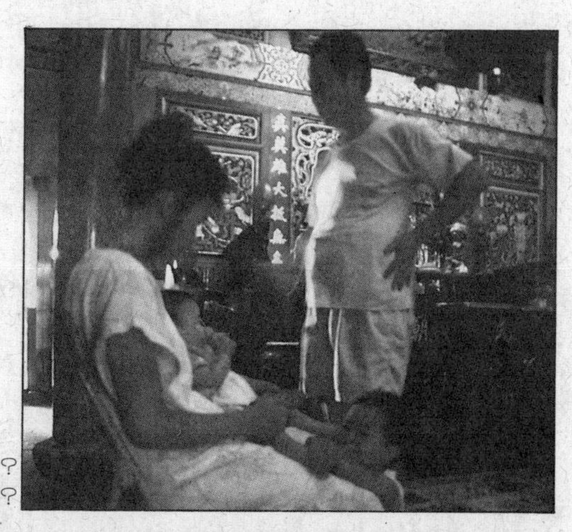

▶收驚收的是大人的驚？還是眞的是小孩的驚？

法」，它的方法是這樣：將白米置於瓷杯中，讓它微禿隆起，然後用受驚者的上衣覆蓋，抹平拉緊，合著三支清香便可「口唸咒語，手搖香米」的作法了。

收驚的流程、咒語、符法，常因人而異，但大抵都由請神開始，所請之神，上至玉帝下至土地，無所不請，多多益善，反正愈多愈熱鬧，神多好辦事，這神摸魚，還有那神工作，所以民間便戲稱這種多神現象爲「大仙的王爺公，細仙的王爺子」！

至於咒語，應用最多的是《靈符神咒全書》中的「收驚文」和「天師爺收驚咒」，亦有增加「十二生肖咒」的，若是「土神問著」，尚須再唸「天師爺收土神咒」，這些咒文，一般都通俗有趣而生活化。

拙作〈咒起魂歸來—收驚儀式的民俗醫療〉（收錄於《台灣信仰傳奇》）發表不久，有朋友轉來讀者林國村先生提供的另一種收驚法，頗有鄉土趣味，略錄於下：

受驚者用女用黑圍裙覆蓋頭上，收驚婆手捧「鹽米碗」（鹽米各半），依五行方位跺脚撒鹽米，口唸咒語／

還土！無師公用老查某（tʒa³ vo²），無法索用脚帛（bei³）股！撒過東，土神走空空；撒過西，土神走駕（ga¹;到）倒頭栽；撒過南，土神走茫茫；撒過北，土神走駕倒頭覆（pah⁴）。

咒畢，拿下黑裙，用剩餘鹽米黏一點在受驚者口中，再唸：土神走離離，土神驚，囝仔無驚！

類似這種「土法煉鋼」的收驚法，在民間相信還有不少，此一「無師公用老查某」的現象，至少說明一個事實，那就是：天下

▼小的先收再收老的。

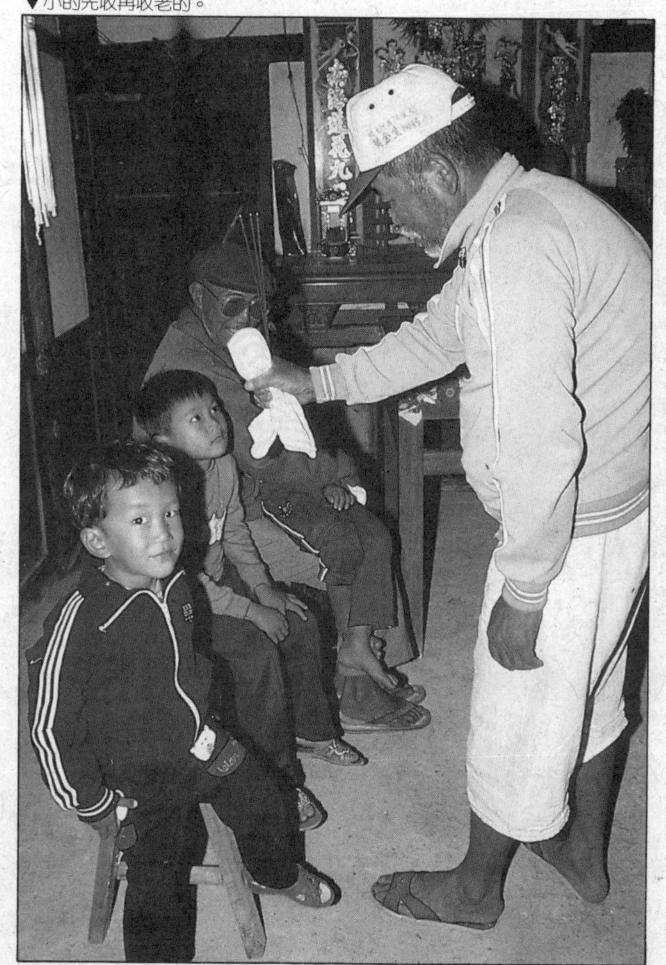

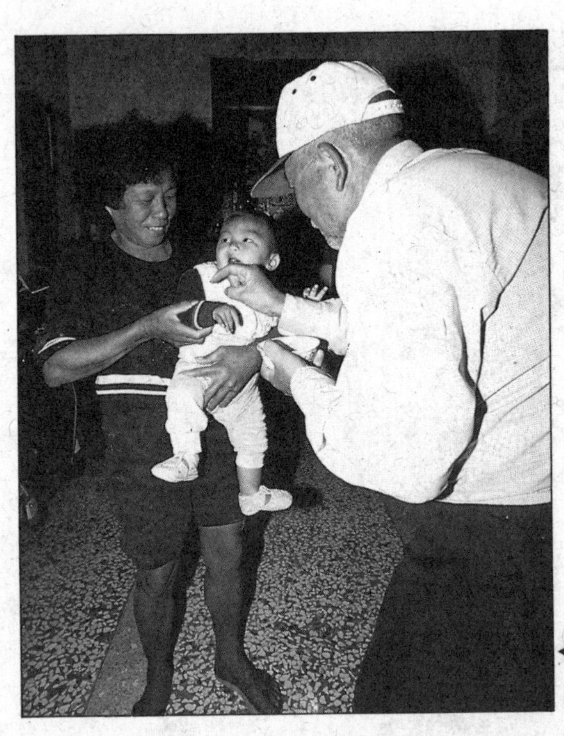

◀符水沾塵三次，你說不衛生嘛？我們都是這樣長大的。

父母心！

收驚果眞有效？這是一個「信者自信」的問題，我曾經以懷疑的口吻問專門替人收驚的叔父，他的答案也許可以提供我們一些思考，他說：一次收不好，多收幾次就會好的！

收驚，不管怎麼樣，至少小孩收了驚，大人也收了心！

一樣米拈百樣人

米是南方人的主食，生活在台灣這塊土地上的你我，雖可偶而吃吃饅頭麵包或牛排漢堡什麼的，但最好吃最耐吃的還是米飯，這不只是我們的飲食習慣而已，其間也有一份對斯土難以割捨的感情。或許是這層關係，米在蘊育常民文化的台灣民間信仰裡，就經常被拿來當作祭物或聖物，也有以它作爲符力或辟邪之用的，像收驚、摔鹽米等等，更有用它來卜卦的，「拈米卦」就是一例。

「拈米卦」的意思是：用手指抓米粒以卜判禍福吉凶的卦，一般以問事業、運途、婚姻和身體爲多，通常在廟裡施行，南部最有名的是在台南縣鹽水鎮街上，主祀媽祖的「護庇宮」，此廟香火鼎盛，據說就是拜「拈米卦」之賜，他們的廣告詞是：「聖母米卦最具靈異效驗，實冠全台，絕無虛言，吉凶問卜準確無疑。」

主持拈米卦的卜卦仙是一位七十餘高齡人稱「賢仔伯」的王賢先生，聽說他已「積數十年之經驗」了，靈驗無比，因此廟前車水馬龍，問者極多，必須以「掛號」處理，每天「看」兩場，早上八點一場，下午兩點半一場，中午休息（體諒老人家），但除農曆初一「公休」外，其餘時間都出勤，沒辦法，生意太好了！

這裡跟長庚、台大等大醫院一樣，掛號須從早，否則會向隅，「額滿」（一場約六十名）即不再收受。「上班」時間一到，依排隊先後次序向工作人員登記個人資料在「米卦單」上，同時奉獻香油錢五十元，看來也蠻經濟實惠的！

拈米卦在神案前舉行，王賢先生點三支清香橫壓在桌上，然後才依「米卦單」的次序逐一點名上場拈米；拈前，王賢先將內放二十來粒的米杯繞香數次，再請問者用右手拇指和食指隨意拈出少許米粒，放在「米卦單」上，王賢立即以筆尾點算數量，接著在單上寫上諸如「天地風雷水火……」卦名的文字，之後把米粒

▼米卦能算到排隊掛號，實在也眞不容易。

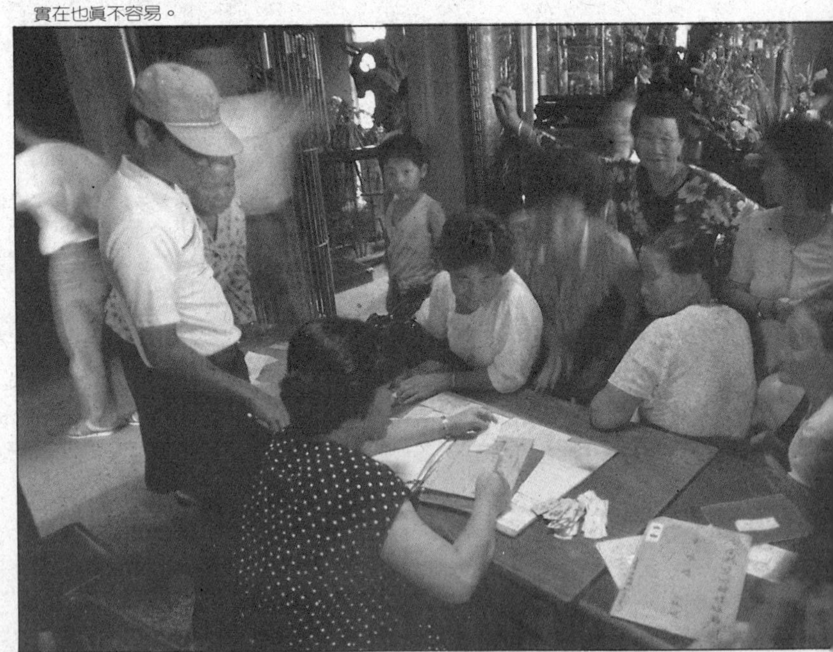

▼米卦拈後再解解運，包
妳永遠沒事。

▼隨便拈幾粒，妳的命就在裡頭。

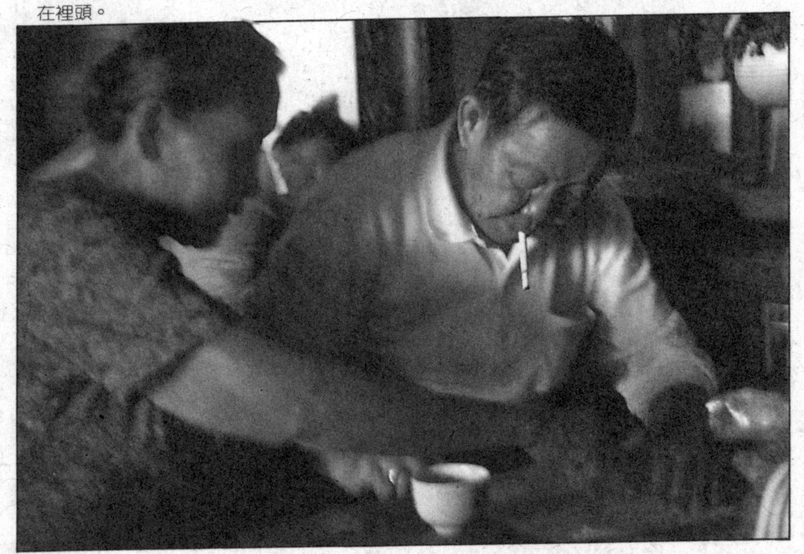

拾回杯內，如此做三次才算結束，然後再叫下一位。

一場問者都拈過後，方進入解卦階段。王賢依「米卦單」上的卦名，比對「卦簿」上的卦名，逐一向問者解說所問之事的吉凶禍福，並提示如何袪凶化吉、除禍納福，以替問者脫災或降福。

解卦畢，問者將「米卦單」和紙人、九金、銀紙等物，拿到神壇前接受尫姨的解運，表示惡運已去，今後「開運」了！

我們常說：「一樣米飼百樣人」，其實拈米卦也一樣：「一樣米拈百樣人」一拈出百樣人的命，也拈出百樣人的辛酸與歡愉，人人吃米，人人都有一本難唸的經！

鳥卦玩鳥也玩人

「抽靈籤，卜聖卦，卜卦兼算命，囝仔（gin¹ a²）來卜好育飼，大人來卜大賺錢，老人來卜吃百二……」這好像是卜卦行業的主題曲一樣，放諸四海皆準，連我們也都能朗讀幾句，只是只能這樣說說而已，眞要卜卦，還是得找卜卦師。

台灣現存的卜卦種類，至少有五：1.米卦，拈米占卜；2.籤卦，抽籤占卜；3.龜卦，在龜甲中放進三枚銅錢，用手搖動後倒出來，再根據正反面占卜；4.錢卦，方式與龜卦一樣，只是銅錢增加為五枚；5.鳥卦，由鳥兒咬出籤牌占卜。其中以鳥卦較為奇特，因為變數最多，這不只是卜卦先生一人可以唱得了戲的，演得好不好，還得看「卜卦鳥」的「鳥臉」！

鳥卦俗稱「咬鳥卦」或「咬鳥仔卦」，所用的「神鳥」，以白文鳥和金絲雀為多，這種鳥聰明伶俐乖巧易教，同時也嬌小可愛惹人喜歡，比較容易吸引人，許多人便都是為了好奇而上門來求卜的。

「咬鳥卜」的過程頗為公式化，計有三招。第一招；問者先說出自己的姓名後，卜卦仙便將「姓氏牌」放入小神龕內關好，然後打開鳥籠趕出一隻「神鳥」，命令牠去啄開神龕的門，並啄出一支姓氏牌，打開一看果然是問者的姓。完成使命的神鳥，立即得一粒穀子作獎賞。

接著第二招咬「生肖牌」，過程和咬「姓氏牌」一樣，最後一招則任由神鳥咬竹籤或「卦牌」，卜卦仙再依籤牌配合「卦簿」解釋問者所求之事的吉凶，並指點迷津，完後除付「先生禮」（卜卦錢）外，卜卦仙通常也會要求問者給神龕壇神一點捐獻，因為神鳥之

◀鳥兄訓練有素，任何動作都已機械化。

▼鳥卦當然也要看卦簿，裡面可不是鳥言鳥語。

▶鳥卦專看鳥事，加減罔參考！

所以這麼「神」，就是壇神賜予的。

如果這也是一種生意，那倒很符合「一條牛剝兩層皮」的話！這個鳥卜，第一招咬對姓氏牌，通常就把人「唬」住了，喔！眞厲害！再咬對生肖牌，就更叫人深信不疑了，喔！此鳥果然非凡鳥啊！但如果仔細觀察，你也許可以發現其中破綻，卜卦者在把各種紙牌放進神龕內的離手那一剎那，早已將要咬的那張牌略爲「碰」出，當神鳥啄開籠門時，便可不加思考的啄下那張牌，絕對百啄百中，除非卜卦者看走了牌碰歪了！這個障眼法人人會變，各有巧妙不同罷了！人家之所以會有「兩步七」，那可是敏捷的頭腦、豐富的經驗再加上高超的技巧，不這樣怎能走江湖混口飯吃呢？

毫無疑問的，神鳥啄牌之事只是訓練問題而已，我們在許多「夜市仔」也看到這種神鳥啄牌賭博的表演，不但會咬牌，還會咬鈔票呢！看來「神」的，不是鳥，而是人——玩鳥也玩人的人！

吃角子老虎進財

錢，人人愛，你愛我也愛，神愛廟也愛，大家有志一同，一起來愛。

錢，人人賺，你賺我也賺，神賺廟也賺，大家有志一同，一起給廟賺。

台灣寺廟，小從土地公廟，大至王爺廟，什麼都可缺，就是不缺「賽錢箱」；台灣香客，小從拜拜，大至進香，什麼都可省，就是不省「油香錢」，油香錢塞進賽錢箱，就是神明錢，明的說是奉獻給神明，其實收的是人，用的也是人，因爲神明不會用，也用不著。

油香錢一年到底有多少？香客不關心，因爲無從關心起，政府

◀許願池許願錢，你許願我收錢。

▶你相信它一年有上百萬元的收入嘛？

也不過問，因爲無從過問起，我們只知道，大廟多小廟少，是多是少都是寺廟管理單位的最高機密，你不知道，我不知道，可能連廟公也不知道。

寺廟擺擺賽錢箱，讓十方善信能夠心甘情願的奉獻奉獻、賽錢賽錢，一年收個幾十百千萬，那也就算了，可是各寺廟似乎不以此爲滿足，在賽錢箱擺滿案桌之餘，逮到機會也三不五時的搞個什麼法會，來個一百二百的統一收費，掛著「平安」的招牌，收得讓你心服口服、服服貼貼，爽極了！更有甚者，還在「適當位置」長期擺放「平安牌吃角子老虎」，讓「賽」過錢箱，「做」過法會的香客，再來玩一下！當然，玩還是要錢的！。

什麼是「平安牌吃角子老虎」呢？「許願池」是其一，「自動籤

◀在一切自動化的今天，連命運也可以按開關取得。

詩」是其二，「萬善梵鐘」是其三……。

「許願池」是洋人玩意兒，來到台灣變成「福祿壽喜祈願池」，水池內斗大的紅字，任你投硬幣，投到什麼就是什麼，只是不一定會得到什麼。

「自動籤詩」，只要投入一枚十元硬幣，便會馬上掉下一張紙籤，告訴你禍福吉凶，當遊戲還可以，算命運就有點發燒了！

「萬善梵鐘」，聽說鐘響可以「驅邪保平安、消災大好運」。鐘下分八格：如意、吉祥、興旺、六合、五福、富貴、登科、進財，玩法是用硬幣擲銅鐘，擊中一響，硬幣就掉進八格的其中一格，不如意也吉祥，不登科也進財，你投得愈多，鐘就響得愈亮，想要「財」進得多，得先「錢」去得多！

設置這些「平安牌」的玩意兒，本是一個願打一個願挨，實不必咱們「家婆」，可是宗教乃在洗濯心靈，平安只爲精神所繫，宗教怎能如此販售？平安豈能如此買得？再說，鈔票也收，硬幣也收，這不給人「大錢要小錢也要」的聯想嗎？

是大廟是聖地，總該有所爲有所不爲吧！

發財蟾蜍金錢豹

六合彩和股票市場大興那幾年，台灣颳起了一陣「蟾蜍風」，從台灣頭一直颳到台灣尾，各個玩家幾乎人手一隻吻著鑽石的三角蟾蜍王，說什麼「蟾蜍」會「招錢」，「吻鑽」會「穩趁」（tan³;賺），每天還不勝其煩的白天擺向外（去咬錢），晚上轉向內（吐進錢），轉來轉去轉到了蛇年，聽說這條小龍嗜食三脚蟾蜍，必須用金錢豹來鎮牠，因爲「金錢豹」就是「金錢抱」。

這下子好了，蟾蜍成了過街老鼠，命運和大家樂盛行期間的烏龜一樣，人人棄之唯恐不及，再也不來什麼白天朝外，晚上朝內了，而代之而起的新寵，當然是金錢豹，其後還有什麼招錢豹、鎮財豹，豹兄豹弟，抱來抱去，最後金錢統統被「全省經銷連鎖店」的××貿易公司「抱」去了。

蛇年過後，馬年接著來，生意人又搞出了什麼「蓮花」（連發）、「水浪」（財源如水浪滾滾而來）的名堂來，可是這股旋風已氣小力少了，再沒有像過去買蟾蜍、金錢豹一窩蜂的盛況了，因爲股市倒了，六合彩式微了！再到羊年，好像也沒看到什麼要「招」要「抱」或要連發的玩意兒，只因錢財身外物，招來不易，抱住更難，至於連發，不「連花」就不錯了，也就省省了吧！

大家終於明白：錢四脚，人兩脚！

在「錢滿天飛，人到處追」的那段股市狂飈日子裡，一隻幾萬塊的灌模蟾蜍，一隻十幾斤重的鍍銅金錢豹，買者大有人在，有錢的人買了，趕流行的人也買了，原來玩錢的人，就是這麼捨得花錢！只是買來買去，擺來擺去，大家的客廳都成了一個樣兒，那就是：珠光寶氣，金光閃閃，外加一股濃濃的銅臭味！

◀不同方位不同財源，可也有不同心理？
▼蟾蜍的流行，反映台灣社會的什麼文化？

▶曾幾何時，祂竟成滯銷的商品！

這就是大家掛在嘴邊的「藝術品」！

更有甚者，還增設爐位晨昏點香膜拜，簡直視其爲財神爺了。

那陣颱風過後，颳走了錢財，也颳走了蟾蜍和金錢豹，蟾蜍滿地跳，金錢豹四處跑，牆角有之，水溝有之，垃圾場亦有之，再貴的蟾蜍，再重的金錢豹，也被敢愛敢恨的主人「放生」了，丟都丟了，還管他什麼財神不財神，大家樂時期的神像，不也是這般命運？

噢！我們終於明白，原來蟾蜍、金錢豹不是什麼藝術品，也不是什麼財神爺，它只是芸芸衆生的流行玩具，玩夠了，也就丟了，沒有利用價值了，也就甩了，就像我們家小毛的忍者龜一樣—昨晚還抱著睡覺，今早已被踢到床下了！

野台戲愈來愈野

布袋戲和歌仔戲在電視走入家庭後，立即由盛而衰，衰到布袋戲變成「電影布袋戲」—白天演布袋戲，晚上演電影；歌仔戲變成「新劇歌仔戲」—白天演歌仔戲，晚上演新劇，演來演去，演的都是錄音戲，變來變去，變到最後只剩案桌上那些不苟言笑的神明在看戲—看著一場台上比台下還熱鬧的野台戲。

一九八〇年前後，電子琴花車以妖嬈的身段異軍崛起，布袋戲和歌仔戲更被打得唏哩嘩啦抬不起頭來，一時間，「光溜溜，兩團

▼主演者站到台前，該也是金光布袋戲的一大改良？

圓圓一團肉」的裸舞表演，幾乎是大小廟會的最愛—大家都說神明最愛看。

在市場取向之下，爲了最愛看裸舞表演的「神明」，布袋戲和歌仔戲也學會了電子琴花車的賣點，而有了突破性的改變，那就是：布袋戲變成「綜合藝術團」，歌仔戲加演脫乳舞。

歌仔戲的脫乳舞表演，大抵和電子琴花車的裸舞表演近似，一樣都是「音樂慢慢奏，羅衫件件脫」，所差的，只是一個後場放錄

▼女魔頭現身，不但功夫好、歌聲好，連身材也很好。

◀野台歌仔戲穿戲服跳裸舞，跳出了野味。

音帶，一個現場彈電子琴而已。當然囉，歌仔戲劇團的妙齡舞孃，幾乎都是老闆另外重金禮聘而來的，畢竟今天演野台歌仔戲的，眞要找出能抬得上桌面、又敢被抬上桌面的純歌仔演員，恐怕微乎其微。

而「綜合藝術團」的布袋戲，在強化木偶、布景、電光和音效之外，最突出的就是：戲台比一般的大三倍，增設施放煙火的特殊道具，後場人數超過一打人，主演者由隱密的幕後走到明亮的台前，歌舞女孃現場表演……。

金光布袋戲遇有「重要人物」出現時，尤其女俠之類的角色，總會「唱」起一道流行歌曲，襯托其身份，一般都是放唱片或錄音帶，「綜合藝術團」的布袋戲，則由眞人（眞的女人）現場演唱，眞正達到「綜合藝術」的臨場效果。

在特別設計的狹窄舞台空間內，現場表演的舞孃，通常薄衫蟬衣，不但要唱，有時還要邊唱邊跳；遇到戲團跟戲團打擂台拼面子時，尤其遇到電子琴花車，不但要跳，有時還得邊跳邊脫，照樣能跳得觀衆七葷八素，脫得神明目瞪口呆，眞叫你搞不清這是布袋戲還是牛肉場？

布袋戲和歌仔戲從傳統走入現代，又從現代走回原始叢林，這是人的魅力還是神的靈聖？

「神明最愛看」，終於看到台灣民間戲曲的沒落和變質，野台戲愈來愈野，只是，野的不知道是台上的人還是台下的人？

離島寺廟奇異多

造訪離島，最先叫人感到不同風味的，便是建築，尤其民宅和寺廟，之所以形成這種異趣，當然和其生活背景與地理環境有關。

就以寺廟而言，金門、澎湖和小琉球便都各有自己的獨特樣貌，雖然皆同爲閩南式建築，但因環境不同、民風不同，也就往往造就了不同風格的建築趣味或管理方式來。

金門的廟宇，給人最大的震撼是「八字規山牆」，這在台灣各地是看不到的，前後屋頂不以燕尾收束，而以齊頭的手法切平，山牆變成八字狀，從側面看，拜亭和正殿也就形成了「八八」的有趣畫面，據說這是規避風大而形成的，想想也很有道理，其實也很有智慧。

▶澎湖的寺廟有相當獨特的風貌。

有些廟宇當然也作燕尾屋脊，但尾巴不高，而且兩側還是增建了「八字規山牆」，這般樣式，只此金門一家，別無分店。

澎湖也是一個多風之地，她奇特的寺廟樣貌，並不是屋脊，而是正面。

到過澎湖的人，都會驚訝此地寺廟的廟門，因爲廟門多了一層鋁門。這道鋁門把廟簷整整齊齊的給切了下來，變成沒有簷廊的寺廟，平常出入就靠一扇小門，如同台灣鄉間販厝在走廊另加一道鐵門一樣，遠遠望去，要不是燕尾的屋脊和閃閃發光的剪黏作標幟，可能沒有人會說她就是寺廟。

爲什麼要這樣多此一舉？理由很簡單，防麻雀也。

麻雀最愛在廟內結巢，一結便沒完沒了，吵雜之聲不說，光麻雀的「米田共」就叫人受不了，樑上有之，地上有之，可能連神像的尊頭亦有之，鋁門一設，密不通風，保證連蒼蠅也飛不進來。

◀爲了防麻雀，廟門成了這副德性。

◀金門的寺廟雖都不大，但卻典雅耐看。

除了鋁門外，也有採用竹簾或珠簾的，更有用細網的，方法雖異，目的則如一。

至於小琉球寺廟的最大特色是：一、入廟先脫鞋，二、廟宅共一家。

小琉球的許多寺廟，正殿供神像，廂房或側殿即爲民家，主因是寺廟私有，這和台灣各地所見的神壇並不盡然相同，因爲神壇並無「廟」的形式；由於廟宅一家的關係，所以進入廟內必先脫鞋，影響所及，不是廟宅一家的寺廟，也有樣學樣，形成此地特有的寺廟景觀。

廟宅一家其實就是人神一家，除了乾淨之外，最大的優點就是燒香方便，當然也是希望庇祐方便。

文化沒有好壞，只有異同；金門、澎湖和小琉球各自擁有自己的宗教文化，不但豐富了離島的景觀，也豐富了我們的生活！

澎湖符咒石敢當

美麗的澎湖，多少人夢中的仙境？

平凡的你我，來到此地踏浪看風景之餘，是否感受到仙境的不平凡氣氛——「神」特別多？

一般人都誤以爲澎湖的寺廟最多，其實不然，最多的應該是「石敢當」，大大小小少算也有兩百座，雖然比日本鹿兒島和琉球（沖

◀澎湖的石敢當多得讓人眼花撩亂。

▼符咒碑守著港口守著人心。

繩）少些，但卻是台地石敢當分佈最密集的區域。

石敢當信仰，據推測唐代中葉已有，宋代始有文獻記錄，最早的信仰理念可能由「石頭之堅硬，足以抵萬惡」而來，後來有人附會祂爲石將軍，說祂是什麼唐代的石順孝、五代的勇士石敢等等，故事是編得精彩，不過那也僅止於故事而已，因爲庶物崇拜向來是咱們的最愛，尺、鏡、斧、剪都拜了，石頭焉有不拜之理？

石敢當在民間最重要的任務就是：鎮百鬼，壓災殃，多設於庄頭入口或車禍地點，不過在多風沙的澎湖，還有鎮風抑浪、防砂阻水的宗教功能，大概也就是因爲這樣，所以澎湖的石敢當特別繁複，特別精彩。

除了常見的「泰山石敢當」外，在澎湖還有加上符咒的石敢當，即「符咒碑」，如白沙講美村的「鎮風碑」，白沙後寮村的「魑魅魍魎碑」，湖西鼎灣村的「公水化碑」，吉貝嶼的「木魚」、「鐘磬」和「水關」，以及員貝嶼的「筆石」等等，樣式之多，造形之異，眞會叫人大吃一「斤」——一斤風，一斤砂。

剛到澎湖採集民俗的人，往往會被庄頭庄尾、村內村外大大小小的石敢當給搞糊塗了，弄不清爲什麼村外山頂、橋頭港口有石敢當，村內碼頭、巷道路口還有石敢當，屋前屋後、牆角壁上又有石敢當？

其實，這就是澎湖最引人入勝的信仰景觀，說不定也是澎湖最珍貴的宗教文化財；原來，這就是澎湖民間驅邪止煞的三重防衛系統—最外圍的稱「外環系統」，中間的叫「中環系統」，最裡面的則爲「內環系統」（楊仁江，〈石敢當初探〉），三重防衛，三層保護，滴水不漏，絕對安全，只要平常不忘了祂的存在，晚上睡覺絕對可以好自在！

雖然澎湖各鄉各村處處可見石敢當，但也有不設立的，像湖西鄉的龍門村和許家村便是；不設豈是不怕飛砂走石？恐怕非也，最大的原因是重新改建和毀損遺失，新建不再設立，掉了也就算了，因為他們知道，設不設符咒碑、設不設石敢當都一樣，只要東北季風一來，大家照樣都會大吃一「斤」。

▶通樑符咒碑神祕有趣，數量相當可觀。

塔公塔婆倆相好

澎湖的辟邪物樣多式雜，在石敢當和符咒碑之外，另有一類「寶塔」也頗爲可觀，而且數量也相當龐大，這可能又是澎湖的另一種宗教文化財。

用一句簡單的話來形容寶塔，那就是：造形奇特，目標明顯。

寶塔的概念來自梵語的「窣屠坡」或「圖坡」，初爲佛塔，後來結合道家風水的觀念，成爲辟邪鎮煞的宗教法器；在澎湖所見的各種寶塔，清一色都是爲鎮護庄頭、防禦要道而設，不是在村庄的制高點就是在庄頭的入口處，幾乎都設於山頂或港口，扮演的是外環系統的防衛角色，也就是打第一線的，相當於機場的防砲部隊。

◀外垵的寶塔，就像三尊看守港口的土地公。

▶塔公的造形，真的「公」得出奇。

澎湖最大的寶塔在馬公市鎖港里，此地的寶塔計有兩座，皆作九層建築，高度幾達四層樓，一座是北極殿所設，一座是坤元寺所造，頂點皆另樹該寺廟的符咒碑，顯然這是佛道聯防的防禦工事。

有高得嚇人的寶塔，也有矮得叫人發噱的寶塔，西嶼鄉小門村的右側山頂，和外垵村的左右山頂，便都各有三座與成人等高的寶塔，嬌小古錐，玲瓏可愛，遠遠望去，好像蹲在山頂欣賞港口美景的土地公。

而最有意思的，大概要數西嶼鄉內垵村碼頭附近的那對寶塔了，雙雙並矗，面海而眺，一座叫「塔公」，一座叫「塔婆」。

當地人稱作「塔公」、「塔婆」，完全依其「外型」而來，「塔公」一柱擎天，有如醫藥廣告中的雄壯男性，五層建築，那個「頭」，利用赭紅色的陶罐象徵；「塔婆」一顆渾圓，有如女性豐滿的波霸，那個「頭」，也用赭灰色的酒甕表示，乍看之下，眞會叫人笑歪了嘴，也會驚嘆內垵人的設計天才，眞的有夠幽默。

內垵村的塔公塔婆是由此地主祀池府千歲的「竹塹宮」所設立，應和「性器崇拜」沒啥關係，這只是寶塔因地制宜的擬人造形化罷了，賦以人格，賦以人性，其實也是賦以趣味；對和大海一起生活的內垵村人來說，塔公塔婆不只是防衛村庄和鎮守碼頭而已，祂們同時也是內垵人的心靈朋友和精神標幟，因為內垵人都知道，出海再久，只要看到親切可愛的塔公塔婆，也就看到了平安和財富，這是一種寄託，也是一種慰藉。

塔公塔婆雖不是燈塔，但卻發出了照亮內垵人心靈碼頭的燈光；塔公塔婆當然也不是什麼神祇，但祂們都神奇地庇祐了內垵人的航海與生活。

碼頭邊，微微傾斜的塔公，好像倚偎在塔婆豐滿的懷裡，多麼溫馨呀！如果這也算是倆相好，那麼內垵人不也都和祂們倆相好？

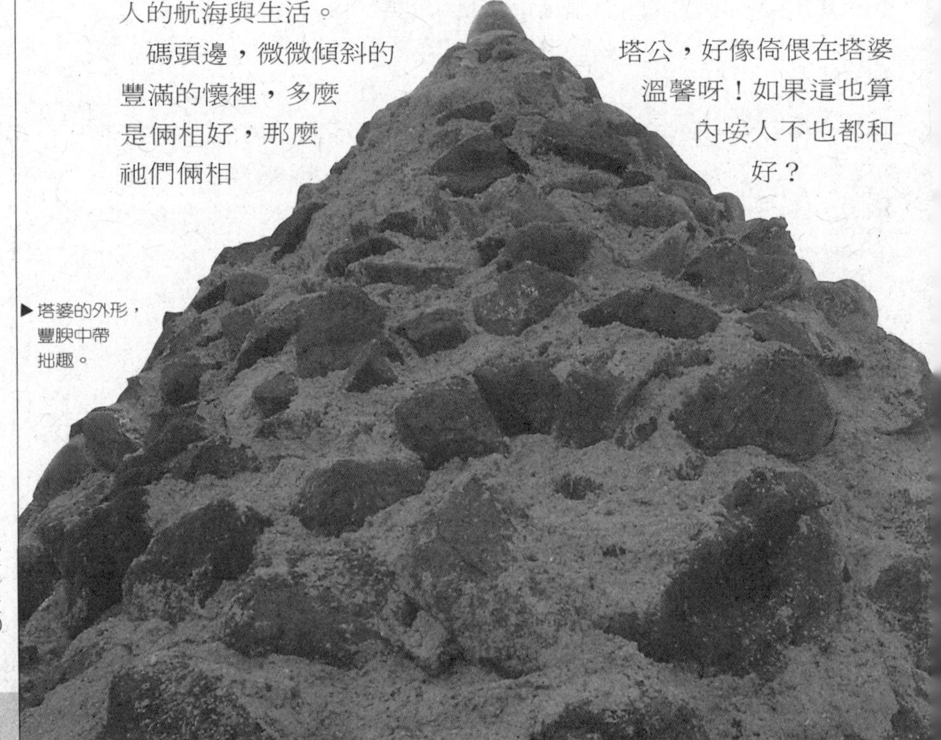

▶塔婆的外形，豐腴中帶拙趣。

金門寶貝風獅爺

「風獅爺」是中國民間鎮風止狂沙的辟邪飾物，大抵「中國文化圈」內皆見其踪跡，其中以琉球（沖繩島）和金門現存數量最多，造形也最多，當然趣味也最多。

金門的風獅爺，計有兩類，一是「厝頂風獅爺」，一是「庄頭風獅爺」，依金寧國中教師陳炳容的調查統計，前者尚存八十六尊，後者亦達五十三尊，它們和古厝一樣，可以說是金門最重要的文化資產。

▶金門的風獅爺是民間信仰文化最大的本錢。

「厝頂風獅爺」高度在一尺間，一般造形是：武人騎獅張弓狀，這位「武人」多指武功蓋世之人，民間有蚩尤、申公豹或黃飛虎等多種說法，嘉南一帶也有這種風獅爺，安平是較密集的地方，今天已是國寶級的古董稀品。

「厝頂風獅爺」美在造形，貴在稀有，但卻壞在嬌小玲瓏，因爲嬌小易遭竊，安平、金門都有這種煩惱了；不過「庄頭風獅爺」就不怕「順手牽獅」了，因爲祂們多高過成人，重逾千百斤，再說，即使搬得走，最後還是搬不走金門的。

「庄頭風獅爺」，大多設於村庄的入口處，除「風獅爺」的叫法外，金門人也稱祂爲「石獅爺」、「石將軍」，有坐姿有蹲姿，但以立姿最多，因爲「立顯威武」，阿兵哥站衛兵不也如此？至於祂的身份來由，有「石獅變形」、「風師衍生」和「風獸演變」等等說法；說法雖不同，但坐落的方位卻很統一，不是朝北就是朝東北，因爲金門最可怕的就是北風和東北風。

爲什麼金門的風特別大？這當然和海島氣候有關，但最重要的是：林少地禿。根據《金門縣志》的記載，金門林木前後有過四次的破壞：①元代設鹽場，伐林木煎鹽；②明代倭寇亂，劫舍燒林木；③鄭成功造船，兩度伐林木；④清軍取金門，焚林逼內遷。

康熙廿二（一六八三）年，被清廷迫遷內地的金門人，始陸續重返故鄉，可是此時的金門已是「石山濯濯，風寒砂飛」之地了，一般相信，大致也是這個時候起，金門才有風獅爺的設置與信仰的。

三百年來，風獅爺的角色日益擴散，祂不但是金門人的鎮風之

▶憨憨的風獅爺，真的愈看愈有風味。

神，今天也靠祂祭煞捉妖，破解沖犯，有些庄頭更拿祂與白蟻對抗，說什麼風獅爺可以吞噬白蟻，保樑護柱；看來還眞有點可愛，不管怎麼對抗，最後風獅爺恐怕還是要兩眼圓圓、大嘴開開的看著白蟻吞噬樑柱。

就文化觀點而言，風獅爺是金門的寶，尤其是「庄頭風獅爺」，不過，遺失、毀棄的情形，已愈來愈嚴重了；一九五〇年造林迄今已逾一億棵樹木的金門，砍伐一棵都要報請縣政府核准了，爲什麼僅剩一百三十九尊的風獅爺，竟能讓它自生自滅？

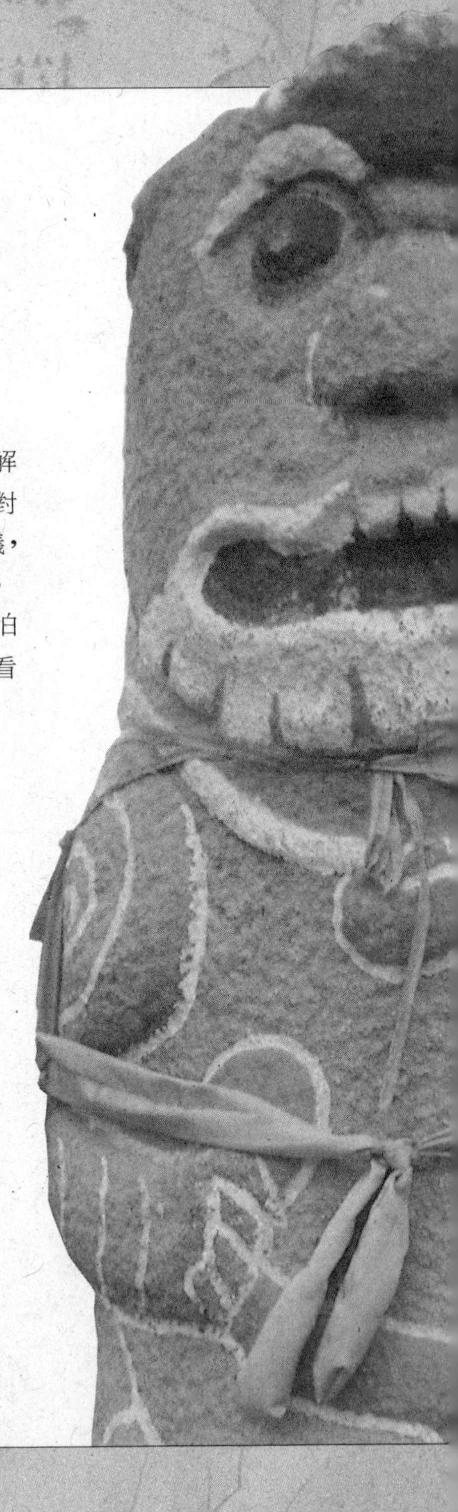

◀風獅爺有了靈驗，金門人便在祂的身上繫上披風。

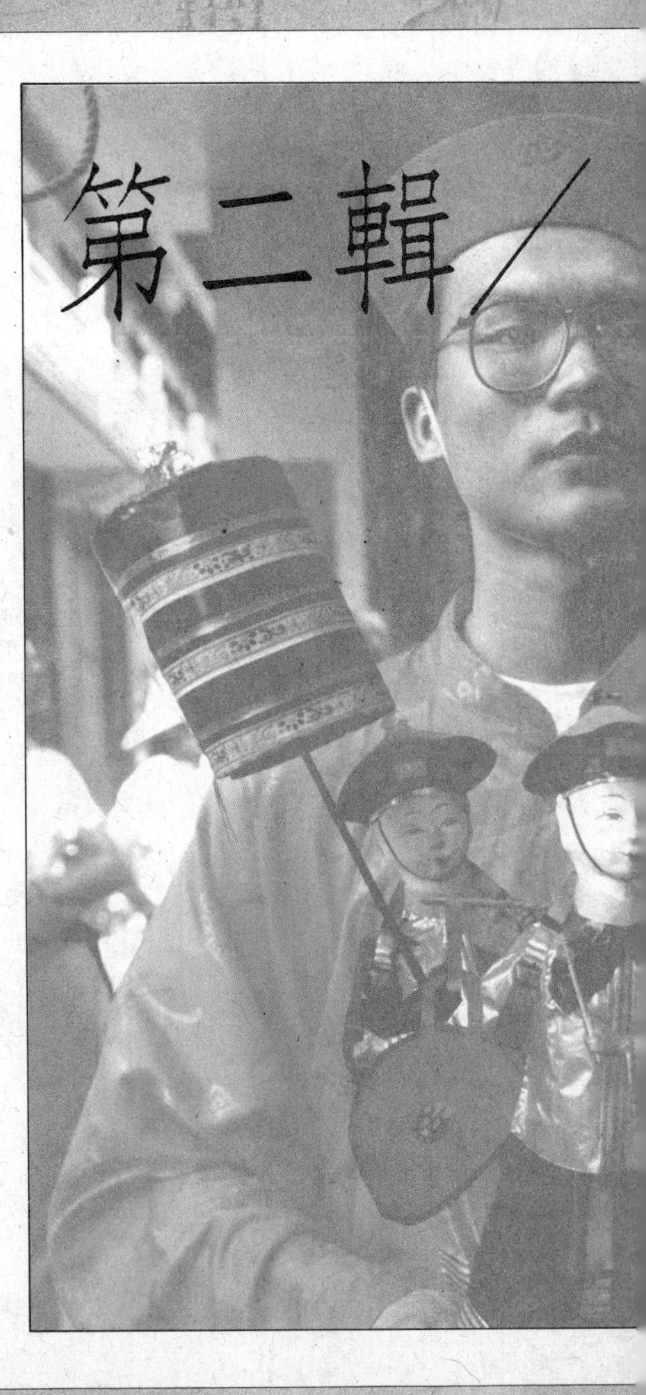
第二輯／

遊境篇

進香過爐扛大轎

每到神明生，各地便興起一片進香熱，整月鑼鼓喧天，鬧熱滾滾，尤其二月土地公生、佛祖生，三月上帝公生、大道公生、媽祖生，四月王爺生，五月關帝生，九月太子爺生等等，更是風靡全台，許多大廟，幾無一日安寧，「人山人海，香火鼎盛」，是這個時候最好的形容詞，這就是民間宗教的家常便飯—「進香」活動。

簡單的說，進香就是「請火」—迎請元廟的香火。一般的流程是這樣：分香（靈）廟把自己的神像，裝載於大轎內，組織進香團到元廟朝聖，經入廟、晉殿和過爐之後，打道回府，完成進香活動，時間短則半天，遠途的來回也只需兩天，一神一年就僅搞這麼一次。

由於進香是一種朝聖大禮，爲表示隆重，所有神像都必須安裝在大轎內，由八個成人負責，到達元廟後，必行三進三退的「入廟禮」。所謂「三進三退」，傳統的作法是扛著大轎進退跑三次；近來大轎多裝設輪架，只要向前推三次，向後拉三次便結了，輕鬆愉快！

入廟後，卸下大小神像，分由大家捧著，一人一尊，即行晉殿，登記後送入元廟內殿「充電」，享受元廟的香火，畢，略事休息，等待「過爐」，這段時間叫「候香」。

候香的長短不定，視時辰或行程而定，但一般都不會太急，因爲「充電」總要一點時間吧！電器這樣，神靈當然也不例外。

候香結束，領出神像，開始「過爐」。所謂「過爐」是將神像穿過元廟香爐之謂也，不「過」這「爐」，所充的「電」便無法發威。

▶時序進入春天，大廟小廟一片進香熱。

▼衆神明坐著大轎前來進香，得有不暈轎的本事。

◀過爐是爲了加強「火力」。

作法是：所有人員分成兩半，爐前爐後各一半，爐前的人用接力的方式將神像逐一外傳，穿過香爐後，由爐後的人接捧送至大轎內，一人一尊，直到全部都入轎爲止。

其實在殿內充電其間，元廟已將其爐火或香灰，象徵性的勺入分香（靈）廟所帶來的「香擔」內了，這套手續民間叫「乞香」、「刈（gwa²）火」或「添火」，這也是進香的目的之一，以示兩廟的主從關係，也藉此賡續香火，綿延遠播，悠悠傳承。

神像入轎畢，馬上啓程返廟，結束進香活動。

就信仰的形態而言，進香是朝聖進廟；就宗教的目的而言，進香是請火過爐；就廟會的意義而言，進香是飲水思源；但若就社會意義來說，進香則是人群整合和感情聯絡。工商社會各忙各的今天，還有什麼活動能讓你我手牽手，心連心，目標一致呢？除了選舉之外，大概也只剩廟會活動了。

輦宮馬車變形轎

看過神明遶境或進香時乘坐的八人扛大轎吧！這種又叫「八助」的神輿，在神來說，這是一種身份的顯示，在人而言，則是一種尊崇的表達；早年農業社會，不要說八人扛，就是十幾二十人都沒問題，可是進入工商社會以後，由於農村人口外流嚴重，遇有廟會，不是找不到人扛轎，就是找到的人扛不動，這是很傷腦筋的事情，所以神轎裝設輪架，便成爲時下神轎的最愛，南北皆一，統一得很，坐的神舒不舒服，那是祂家的事，但推的人一定輕鬆愉快。

問題是，現在連推轎的人，也愈來愈難找了，傭兵性質的老人班，就是最好的註脚；因應這種現象，南部許多廟宇已經開始作

▶輦宮代表一個時代，也代表一種文化。

◀無以名之，就叫做「轎車轎」吧！

▼想不到神明也有復古坐馬車的一天！

神轎的改良了，說清楚一點，應該說大轎的「變形設計」，「輦(len¹)宮」、「馬車轎」、「轎車轎」便是目前所見最具代表性的三種「造形」。

「輦宮」全稱叫「輦轎宮」，是一座佈置得如宮殿的轎屋，安置在農運鐵牛車頂上，四周裝飾得美侖美奐，通常這是主神的「專車」，只要一人開車便可；行進時，速度可快可慢，遇有拜廟須行「三進三退禮」時，則向前三次，倒車三次，「東西」雖然不一樣，禮數還是可以兼顧的。不但如此，轎前必備的「涼傘」，在車旁特別設計的傘架上，有規則的滾動著，不但又節省了一個人工，還可避免人工習慣性的懶惰，絕對轉得勤，轉得美！

「馬車轎」是以馬作爲動力的神轎，轎頂爲開敞式的布蓬，類似老美西部片「蓬車西征」的那種馬車，這是不限對象，大小神明都可以坐的神轎，也是只要一人牽馬即可；如果要行拜廟禮時，因馬車無法「三進三退」，所以只能在廟埕遶三圈，象徵神到禮也到。

「轎車轎」是用兩千CC以上柴油轎車所改裝而成的神轎，有兩種樣式，一種是在車頂安裝一座小神龕，神像放置其中；另一種是拿掉車蓋，在後座繫上神像，一般都以單尊大型神像爲主，也只要一人開車即可應付自如，作拜廟禮時也是三前進三倒車，速度比「輦宮」的農運鐵牛車要快很多；有時還能作上下震動的表演，行拜廟禮後，按鈕一按，整部轎車就像地震一樣，猛搖不已，還不時噴出乾冰白煙製造特殊效果，與傳統神轎相較，眞是不可同日而語！

社會愈來愈進步，人的生活愈來愈講究，神的交通工具也愈來愈現代化，再過一陣子，恐怕要有「火車轎」、「飛機轎」，甚至「太空轎」出現了，這不是不可能，因爲只要人喜歡，沒有什麼不可以！

穿轎脚來生卵葩

古代帝王出巡，沿途民衆都得肅靜、迴避，來不及躱藏的，必須馬上伏地下跪，膽敢仰而瞻之的，保證人頭落地；中國人的這套遊戲，一直玩到滿清皇朝結束才告一個段落，不過，大家意猶未盡，人玩夠了，再換神來玩，看到神轎如見帝王，一樣伏地下跪，只是這回不是迴避，而是趨之若鶩。

在台灣民間，能讓廣大善信伏地下跪的神轎是「大轎」，它是神明的「流動房子」，專門作爲盛載神像之用，一般都由八位轎伕肩扛，所以也稱作「八助」。

◀流行神轎裝輪的今天，能穿轎脚的機會愈來愈少了。

▼穿轎脚就會生卵葩？小
心被「擠」到才是重要。

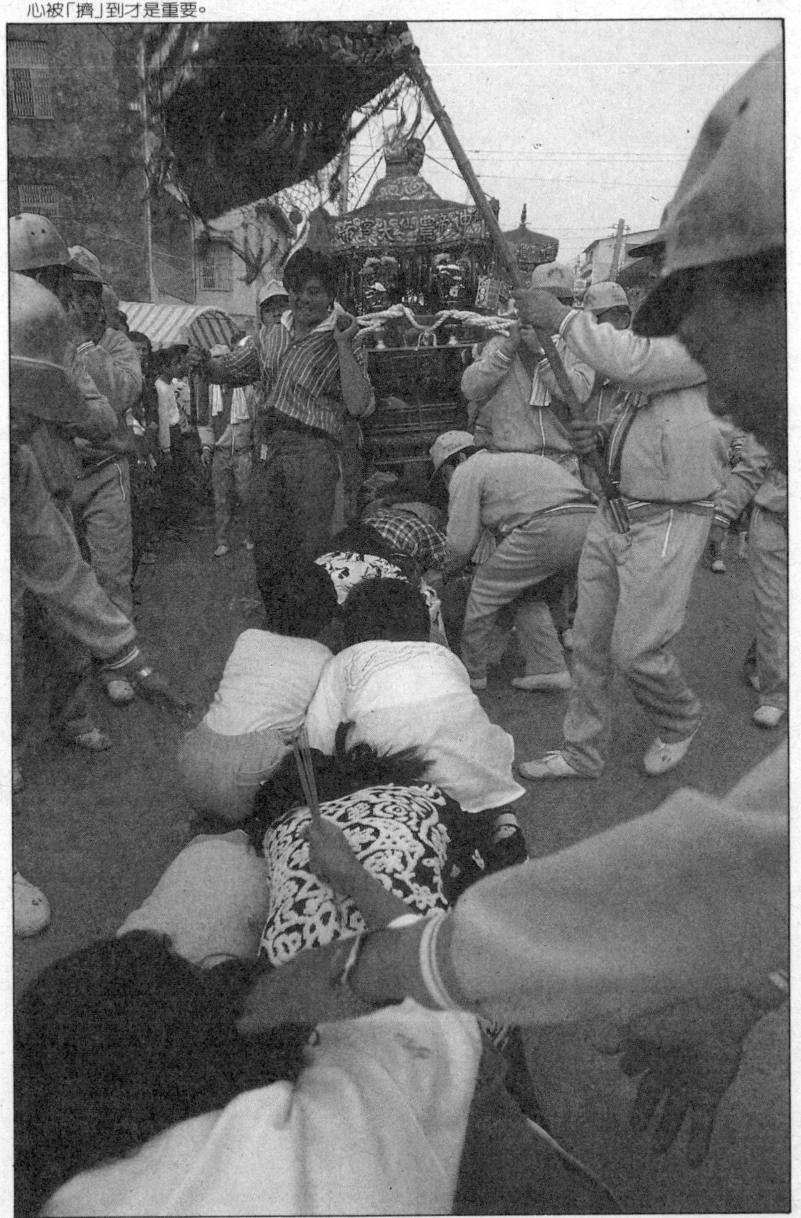

由於大轎是神明所乘，因此在遶境遊行途中，往往成爲善男信女膜拜的對象，尤其主神所坐的神輿，所到之處，更是五體投地，虔誠之意，每每在大轎必經路上，預先俯臥或趴著，讓路過的大轎從上穿過，民間深信這樣可以解運，並可以祈求平安，這叫做「穿（lern²;鑽）轎脚」。

如果家中有人生病而不能來湊一脚的話，也可以拿其衣物代替，所以許多地方遶境時，經常在馬路中央可以發現大包小包的布包袋，那些都是要讓神轎穿過的；這種現象，在南部蜈蚣陣的遶境活動中，也屢屢出現。

除上述之外，還有一種「穿轎脚」的形態，那就是在神轎停下來休息時，人由轎底爬過去，嘉義以北最流行這一套，尤其「大甲媽祖」南下「遶境進香」時，每到一地，爭爬「媽祖轎」的善信，總是人山人海，有時香陣要出發了，還有人尚未輪到，可見熱烈之一般；這之間，不只是阿婆歐巴桑而已，連少婦也在穿轎脚行列，聽說解運祈安之外，還能「穿轎脚，生卵葩」（生男孩子），這應該是由「穿燈篙脚，生卵葩」繁衍而來，民間想像力之豐富，由此可見。不過，爬過之後能不能眞的「生卵葩」，此時倒不挺重要，重要的是，得先保護好自己的「腹肚」不被撞著！

一般神轎轎底絕不超過半尺，如果不墊高的話，根本甭想鑽過，尤其大腹便便者，所以拿長板凳當墊脚，更成爲各地共同作法，其中以「大甲媽祖」墊得最高，除方便鑽爬之外，它還有預防善信觸摸媽祖神像之用意。

而在神轎都流行裝設輪架推著走的今天，行進時的穿轎脚，更

▶這些包包都是家人的衣物，本人不克前來，衣服也有效。

異常危險，遇有善信伏地下跪，非得趕緊抬高神轎不可！一不小心，就會撞得頭暈眼花，搞不好還會頭破血流呢！所幸，至今尚無意外傳出，當然我們也希望永遠不要，但如果不作改進，意外恐怕是遲早之事。

其實，「拜神拜神，心誠則靈」，以普度衆生爲職志的神明，應該不會計較善信是否一定要伏地下跪，三支淸香，也一樣能敎祂滿心喜悅的爲芸芸衆生解運祈安！

一身罪孽重幾斤

早年台灣的鄉村兒童，流行一種被戲稱為「麵粉牌」的大內褲，那是由美援的麵粉袋所裁製而成的，特色是它的註冊商標：「中美合作」和「淨重五十公斤」，大概就是因為太重了，所以那套「東西」經常跑出來透氣。

「淨重五十公斤」的趣味，我們在民間的遶境香陣中，也屢屢發現，只是它不是穿在下面的，而是戴在脖子上的，這套玩意兒叫「魚枷」。

古代犯人為怕其逃脫，在押解或行刑途中，必在其脖上套枷加鎖，以為防範，並表示罪行重大；這種「罪行重大」的刑制觀念，也被民間採用而廣為流傳，屢見於民間的神明廟會中，最多見的是，戴著魚枷刑具跟隨主神神轎四處遊行的善男信女，只是他（她）們並不表示眞的罪行重大，而是象徵惡運纏身，痼疾難癒。

民間總這麼認為，惡運連連或久病不癒，可能是上輩子壞事做了太多，老天在懲罰，得有所贖罪才能祛凶化吉，轉危為安，於是乃向神明祈禱許願，在其遶境出巡之日，依其「罪刑」的輕重，戴枷贖愆罪行，希望藉此能惡運不再，痼疾痊癒。

民間的習慣是這樣，自認為「罪」重的，魚枷必戴重，罪輕的則戴輕，所以從「重十斤」到「重一百斤」的都有。不過不管多少斤，造形如一，都是三夾板或厚紙板裁製而成的，講究一點的，做個雙魚枷具狀，簡單一些的，則挖個洞套頭即可，但求形式而已；其實，形式就是誠意，心誠則靈，外在的形式，諒必誰也不會計較。

而另一種誠意，更表達在魚枷上。許多善男信女深怕神明不知

▼淨重幾公斤不重要，走得完全程才是要緊。

道「我在贖罪」，於是便在魚枷上寫上廟稱、住址、姓名和重量，以昭公信，也好來個童叟無欺，人神不騙。

當遶境廟會一展開，這些脖套魚枷的隨香客，便在主神轎的前後穿梭，有些婦女還拿著掃帚替神明掃香路，即使休息吃飯也不敢取下，可見虔誠之一般；這一戴得戴到遶境結束，直到主神轎入廟安座後，才算罪贖過消，功成圓滿，然後才和金紙一起火化燒掉，表示昨日之罪神明都已鑒諒了，從今而後，可以平安的過日子了。

脖戴魚枷的跟著神轎走一圈，就眞的能逢凶化吉保平安嗎？包括自我贖罪者的任何人，恐怕都不會相信，而且也不敢相信。戴，只是一點虔誠；走，只是一點心意；戴過走完只求心靈平靜，靜方能安、方能慮、方能得，即使惡運依然，痼疾依舊，芸芸衆生

▼銬著雙手，銬著一片誠心。

▼戴著魚枷，祈求神明開赦和賜福。

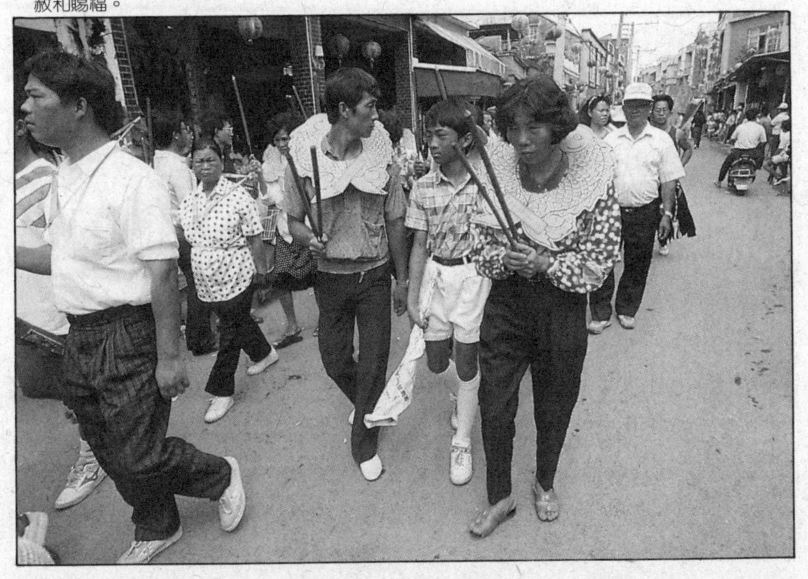

也絕不敢怪罪神明的，我們會這麼自我安慰：也許自己的誠意不夠，也許眞的罪孽太重了。

淨重五十公斤？罪孽怎能稱得出呢？麵粉褲內的傳家寶，價値當然也不只五十公斤。

跟著神走有吃頭

台灣民間的神明遶境，可視作軍隊的野外大行軍，一路追趕跑跳碰，沿途還得自行解決吃喝拉撒睡，不但要有體力，也要有毅力，更得要有耐力－就是憋屎忍尿抗睏耐餓的能力。

有道是「民以食爲天」，什麼都可忍，就是忍不住飢腸咕嚕叫，「民生主義」是保持體力、堅決毅力的最佳「主意」，捨此無他，不把肚子撐飽，什麼事也別想幹，所以遶境所經香路，沿途各庄各廟都備有點心涼水招待，往往是「有吃閣有掠（liah[8]；捉，帶走之意）」，這種極富人情味的習俗，便是民間遶境相當有趣的一大特色。

台南一帶大型的遶境叫「刈香（gwa[2] hiun[1]）」，西港有這麼一句俚語：「西港仔刈飽香，土城仔刈枵（iau[2]，飢餓）香」，意思

◀免費的涼水，要帶要喝悉聽尊便。

▼台南沿海只要有刈香遶境，就不怕餓肚子。

是說西港慶安宮舉行刈香遶境時，不管你是誰，一路都有得吃，而且會吃得撐死你，但土城聖母廟刈香時則一路餓肚子，表示沿途住戶、廟宇甚少「奉獻」；當然土城方面並不承認，他們也這樣說：「土城仔刈飽香，西港仔刈枵香」。事實上，我們的觀察，兩地都可以稱得上是「刈飽香」；之所以有這種近似意氣之爭的俗諺留下，主要肇因於兩地的互拼地盤和「斷香」的結怨情結，而之所以都能「刈飽香」，應該也是這種情結之下的「輸人毋（m³，不）輸陣」在奮戰。

若論「刈枵香」，當非「學甲慈濟宮」和「麻豆五王廟」的刈香莫屬了，這兩個地區都是按人頭分便當，一個蘿蔔一個坑，外人不易打到游擊；如果再往南看，高雄、屏東一帶，那就更「節儉」了，連想找個免費的涼水喝喝，得有「對中發票」的運氣，到此

◀學甲「上白礁」以便當解決民生問題，參觀者不可不知。

參觀，和郊遊爬山一樣，必須自備茶水和午餐。

至於全台最有「吃頭」的遶境廟會，第一名應該是「大甲媽祖」的新港（一九八八年以前是北港）之行，千軍萬馬如同滾雪球般的從大甲滾到新港，再由新港滾回大甲，等於從大甲吃到新港，又從新港吃回大甲，不只叫你早午晚餐不必擔心，連消夜也爲你準備得豐豐盛盛，而且還餐餐換口味，要是你夠力氣走得動，要揹多少扛多少，悉聽尊便，這一條香路的沿途住戶和寺廟，眞的虔誠得叫人感動！

我們常說「跟著神走有看頭」，看香陣、看藝陣、看鬧熱、看……看東看西，看南看北之餘，還得再加一句：「跟著神走有吃頭」，吃大餐、吃點心、吃涼水、吃……吃冷吃熱，吃葷吃素，吃得你昏頭轉向，眉開眼笑，只是有沒有得吃，吃得好不好，且要看你是否跟得對香陣，是否跟得對神明！

打野外放尿傳奇

當過兵的人，打野外時都有過這種經驗，那就是：沒人的地方就是「射擊」的地方，愈隱密的地方愈好，因爲每人的那個「地方」，都是非常隱密的。

台灣民間的神明遶境，當香陣離開市鎮街衢後，走在鄉間小道，便如同打野外，從早上走到中午，又從中午走到晚上，這是能耐的考驗，但什麼都可忍，就是忍不住內急，什麼都可憋，就是憋不住尿，打野外不只是訓練體力，也是訓練膀胱啊！

於是，只要香陣一停稍作休息時，便見大人小孩東奔西跑，紛紛尋找目標，各自「觀瀑」去也，有人幫甘蔗施肥，也有人替野草洗澡，更有人用它灌蟋蟀，唏哩嘩啦，滴滴答答，不消片刻，人人如釋重負，「休息是爲了走更遠的路」，原來就是這樣呀！

一九八八年春節過後，參加台南縣東山鄉碧軒寺的「迎佛祖」，午夜時分，大隊人馬由關仔嶺摸黑下山，快步趕路，一人跟著一人，一陣跟著一陣，唯恐落單迷路，走到平地剛好天亮，此時，後頭有人大喊休息，走在前頭的一隊「宋江獅」（金獅陣），迫不急待地立即放下手中的兵器，劈哩啪啦，紛紛衝進甘蔗園，跟在旁邊的本山人，還以爲發生什麼大事，抓著相機也跟著他們衝了下去，結果……一字排開，原來是「立射預備，左線預備，右線預備，開保險，開始射擊」。

大人自個來，囝仔（gin^{1} a^{2}）呢？也是那年冬天，採集家鄉附近某廟遶境時，就看到一個很有趣的畫面。

香陣出了庄後，載著一車學童的鐵牛車司機，向這些搖旗吶喊的囝仔這樣說：「統統給我下去尿尿，不要給我尿在車上」；話還

◀莫炫己長，莫論人短，溝裡的魚兒全知道。

▼左線預備，右線預備，全線預備，開保險，開始射擊。

▶童乩是神當然也是人，焉能不洩洪。

沒說完，但見車上車下忙成一團，溝裡的小魚也忙成一團……

人要解決生理問題，那代表神的童乩呢？當然也要。童乩，手執七星寶劍和五營旗，一馬當先地向著將軍溪的溪底快速奔跑而去，做田野調查的人都知道，這場戲的主角是童乩，本山人自不敢怠慢，緊跟著童乩的屁股拼命追，但追趕中，童乩不時回頭的向我揮舞著七星劍，意思是叫我不要追；經驗告訴我，這可能是一項神祕儀式，怎能輕易放過？於是，我追得更緊，他也跑得更快。當遠離香陣後，童乩突然竄入紅樹林內，抓好相機，我也閃了進去，差不多就在那個時候，他用「神的話」生氣的說：「你ト（beh¹;要）飲尿啊？」

「我嘛是來放尿的！」

沒想到，尿尿也可以和「神」溝通！

渡海進香人通神

二十世紀八〇年代以後，是台海兩岸矛盾外加尷尬的時代，政治如此，經濟如此，文化亦如此，宗教更是如此。

當台海兩岸的中國「人」，尚在爲統一大業傷腦筋時，兩地的中國「神」，已悄悄的「統一」了，彼岸「統戰」，此岸「統錢」，大家「統」得不亦樂乎，也「統」得興高采烈，不過，神明諸聖卻被「統」得迷迷糊糊！

解嚴之前，雖然海禁甚嚴，但從一九八四年前後起，便陸續有寺廟偷偷摸摸，利用各種管道組團到大陸祖廟尋根謁祖去了；一九八七年解嚴後，儘管政府三令五申「三不政策」，可是此地進香團，依然紛紛渡海，絡繹於途，光這一年前往福建湄洲天后宮進香的，就有三百六十餘團，請回的媽祖「分身」，更高達一千五百多尊，一時蔚爲「媽祖進香熱」，以後就更不用說了！

而在這來來往往的場景中，新聞吵得最兇的，大概是一九八七年十一月間的大甲鎮瀾宮，和一九八九年五月間的蘇澳南天宮兩廟，一個自稱是「純屬私人行爲」，一個說是「船械故障靠岸」，理由牽強得實在有夠可以，他們認眞的說說，我們就隨便的聽聽，當然，慈悲的媽祖是不會計較的。不過，此後，這兩個理由，卻變成台灣前往中國進香的兩套樣板，大家「有樣學樣，無樣家己想」。

除了媽祖外，許多寺廟在解嚴後，也都紛紛組團渡海去尋找該廟主神的老家，回去認祖歸宗一番，像觀音佛祖的浙江舟山群島南海普陀山「不肯去觀音院」、保生大帝的福建泉州白礁鄉慈濟宮……海空兩路熙熙攘攘，各路神聖忙得不可開交；其間，大致可

▼每次大陸進香回來，總見人山人海的歡迎隊伍。

以歸納出五點共有現象：

①利用各種管道偷偷摸摸的去，大家心照不宣。

②到了彼岸拼命拉關係，拼命捐香油錢。

③儘量迎回分身、神印、香爐或神器，如獲至寶。

④回台接機、接船和入廟，都大張旗鼓，官民同歡，和啓程大異其趣。

⑤事後批評中國生活落後，但有機會還會再去。

就是這樣矛盾；當然，我們也有三點矛盾的看法：

①中國進香熱的背後，恐怕觀光意味大過進香心情。

▼一九二二年鹿港天后宮至湄洲進香回台的盛況。

▼隔海進香眞的是謁祖，
或者只是觀光？

②拉關係套交情的結果，是你向我統戰政治？還是我向你炫耀經濟？我們的財大氣粗，連神明都在搖頭了。

③大家爭相迎回的分身，尊尊消瘦苗條，這代表著什麼樣的文化？什麼樣的藝術？難道我們看膩了豐腴的造形？也許祂能爲彼岸的生活留下一個歷史見證吧！

三不、三通，人不通，神通，有人說這是血統主義，有人說是正統主義，我看還要再加一個：山頭主義！

陣頭開館神先看

台灣民間各種廟會中，最能襯托熱鬧景象的，大概是藝陣表演，也唯有藝陣表演，才讓人覺得宗教信仰裡多少也有一些屬於藝術性的鄉土文化！

藝陣是藝閣和陣頭的合稱。藝閣也叫詩藝閣或詩意藝閣，有裝台閣和蜈蚣閣兩種，裝台閣是裝設人馬佈景的閣台，所用動力已從早期的人力肩扛、三輪車進步到今天的鐵牛車、小卡車，裝扮的對象，除了延續早年的兒童之外，也有用模特兒代替了；而蜈蚣陣則已歸入陣頭行列，它的成員都是兒童班。

陣頭是民間歌舞的表演團體，一般分成純歌舞或樂器演奏的文陣，和動作激烈或有武打味道的武陣兩種，不過這種分法實在無

◀囝仔演，囝仔跳；老人拉，老人唱。

▶十二婆姐開館，看的只是仕裝和色彩。

法含蓋現有的所有陣種，所以筆者重新予以細分爲六類：①宗教陣頭②小戲陣頭③音樂陣頭④香陣陣頭⑤趣味陣頭⑥喪葬陣頭。

民間陣頭之所以如此蓬勃，主要是因應廟會而生，當庄頭廟舉行進香或遶境時，所轄的各角頭或各私姓，都得籌組藝陣共襄盛舉，在祭典之前一兩個月便要集訓練習，這種自組的陣頭，一般叫「子弟團」或「庄頭陣」。近年來受到工商社會影響，鄉村人口外流，遇有廟會時組陣不易，只好集資聘請職業的陣頭代替，這也就是爲什麼職業藝團如雨後春筍相繼成立的主要原因，南部就有二、三十團，而且陣種都不只一種，這種屬性的，我們稱作「職業陣」。

陣頭在練習一段時間後，大致可以「出師」了，就要到庄頭廟（廟會主辦廟）「開館」，時間最晚不得晚於廟會舉行日，不過「職業陣」因已練就十八般武藝，是不必「開館」的，「開館」的對象，只有菜鳥的「庄頭陣」。

「開館」的意義是向主辦廟主神宣告該陣正式「成陣」，同時作一場「全套」的表演，把該陣的「第一場」貢獻給主祀神明，這場表演大概也是該陣在此後廟會場合中，最完整也最精彩的一場，因爲廟會展開後，受制於行程、時間的限制，泰半只作象徵性或重點式的表演而已，民間自圓的說法是：「意思到了就可以了！」

「開館」的儀式一般都很簡單，所有成員先行點香祭神謝拜，然後正式表演一場即告結束。

庄頭性的陣頭作「開館」之儀，是有其必要的，一來可以藉此公開表演，驗收成果，肯定演技；二來可以讓成員眞正進入狀況，自我定位。雖然「菜」了一點，但絕對認眞賣力，沒有人敢偷斤減兩；其實，我們許多的「第一次」，不都也是這副德性？這般心情？

▼花花綠綠的水族陣，只在開館演全戲。

蜈蚣神童大出遊

蜈蚣陣是南部「刈香」(gwa² hiun¹) 遶境時的開路先鋒，民間俗信祂具有辟邪驅穢、保境安身的宗教功能，所以角色特殊，地位重要，通常都是整個香陣的主角。

也稱「百足眞人」的蜈蚣陣，最小是卅六人座，最長則達一百零八人座，南部就有兩「隻」這麼長的，都在台南縣佳里鎭內，「拉」直將近兩百公尺，爬在路上，壯觀、威赫，眞的是挺嚇人的。

不管多長的蜈蚣陣，都是由五至十二歲的學童化裝扮演，稱「蜈蚣神童」；之所以有年齡限制，那是因爲五歲以下的兒童不懂事、難照顧，十二歲以上的，則又太重扛（或推）不動。目前行情，每人一日約在兩三千元間，各地不一，但最重要的蜈蚣頭和蜈蚣尾，則價錢另計，幾乎都是萬元以上，外加「寄付」(giar² fu³；樂捐)，因爲這兩座「法力」特強。

雖然扮演蜈蚣神童所費不貲，但爲人父母者卻總苦心積慮地要讓他們的心肝寶貝插上一「角」，只因民間相信參加者可以「驅邪祛災保平安，身體勇健爻 (gau³) 讀冊」，以致每當報名時，總見人山人海，踴躍之至，可是名額有限，最後只好抽籤或在神前「跋杯」(bwar³ bwei¹;擲筊) 決定。

遶境一展開，那天清晨三、四點，各個神童都得起個大早化粧和穿著戲服，然後被用長布條繫綑在蜈蚣棚的靠椅上，時間一到，神童便興高采烈的被扛（或推）著出遊去了；這時，樂的是囝仔gin¹ a²)，苦的卻是工人和照顧他（她）們的家人。

太陽慢慢升起，精神飽滿的男女神童，看著沿路跪拜的善男信

◀半路殺出了一個程咬金。

女，一副威武神氣之狀，手中不時揮舞著兵器（應該說玩具），但嘴裡也不時吃著座前謝籃內的各式糖果和餅干，雀躍之情，盡在不言中。

可是等到太陽過了頭頂，枯坐了七、八個小時後，新鮮感已失，漸生無聊和疲憊，結果兵器丟一邊不玩了，東西塞一堆，也不吃了，於是，還有體力的，不是哭著要回家，就是鬧著要下來走；而體力較差的，則打盹者有之，呼呼大睡著亦有之！

此時，保住囝仔平安的，恐怕不是百足眞人，而是那條纏在身上的長布條。

夕陽西下，蜈蚣陣入廟後，脫下戲服的神童，神氣之情早已煙消雲散，各個一身疲憊，一臉無辜，大家共同的動作是：打哈欠，摸屁股！

▶坐著坐著不知道怎樣就睡了。

▼蜈蚣陣有人看場面也有人看童趣。

大帝太保滿街跳

民俗廟會裡頭最能表現童趣的，大概是那群跟前跟後、東奔西竄的小朋友，他（她）們或搖旗吶喊或敲鑼打鼓，雖然扮演的多為龍套角色，不過也有粉墨登場的，像蜈蚣陣的神童、陣頭的成員……雖然遠較成人來得少，但不演則已，一演往往一鳴驚人，連大人都會刮目相看，屏東縣東港一帶專有的「五毒大帝陣」和「十三太保陣」便是箇中佼佼者。

「五毒大帝」據傳是五福大帝第三部劉元達的部將，專門協助主將驅妖逐魔，裝扮一如八家將，有成人班也有兒童班，東港和

◀大帝滿街跳，跳出了童趣也跳出了許多問題。

小琉球便有數團這種宗教陣頭；而「十三太保」則是廣澤尊王的「兒子部隊」，皆作「太子」打扮，亦即穿黃色太子裝、戴太子帽、揹太子劍、成員多為國小學童，有些可能還只是幼稚園大班的，因為廣澤尊王十三歲成神，所以諸太保當然也是小孩子，三年一科的東港王船祭「迎王」（遶境）時，便見「大帝」、「太子」滿街跑、滿街跳，一眼望去，盡是「黃衛兵」。

不管「五毒大帝陣」或「十三太保陣』，在宗教信仰上，他們都

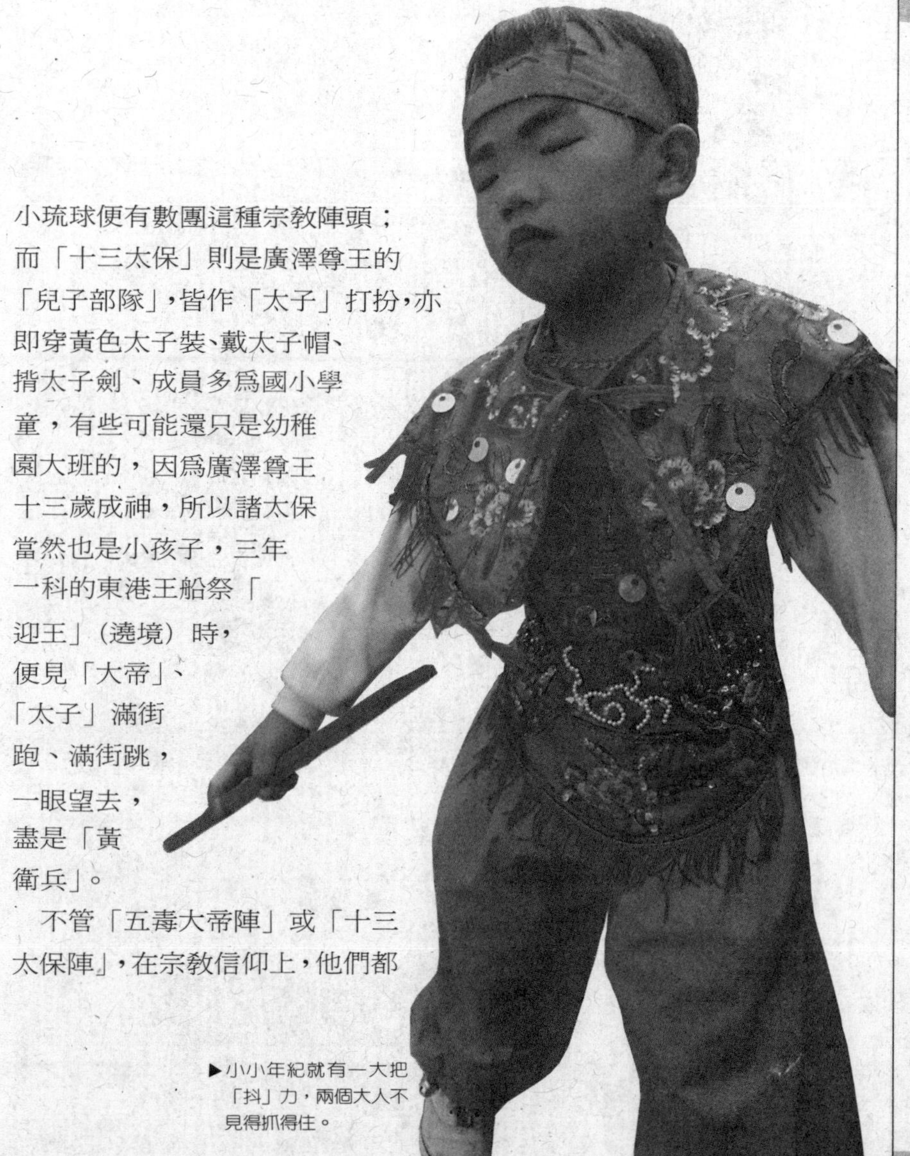

▶小小年紀就有一大把「抖」力，兩個大人不見得抓得住。

▼口銜淸香在禁止開口，大人得小心，否則都會跳起來。

具有「神」性，也就是帶有「乩」性，每位成員都會像童乩一樣的「起童」和發跳，小孩子自亦不例外，而且他們的「起童」往往比一般童乩要來得快，發跳起來也比童乩要來得猛，甚至操刀舞劍穿口針，也不遜於童乩，廟埕有此一陣，包準像爆米花一樣「謗咱跳」，熱鬧得很，要是走在馬路上，來往車輛都得像遇到火車一樣，就地停車，強迫欣賞，或許這也是另一種「小心兒童」的交通安全吧！

這些會「發」會跳但不知道天高地厚的學童，都是由神明挑選出來的，是一種無上光榮的神職身份，神明能夠選上他，那是他祖上有德，家庭有福，三生有幸，父母即使反對也不敢違逆神意，不管願不願意，都得陪著出來「風神」一下，家裡有此一「神」，家中大小眞的也跟著「傷神」，他跳到哪裡，便得跟著保護到哪裡，有些力氣大的跳起來時，兩個大人都還不見得抓得住他；他跳到什麼時候，還得跟著保護到什麼時候，休息端椅子、上廁拉褲子、吃飯餵筷子、睡覺蓋被子，深怕一個照顧不週，累壞了身體，這就是天下父母心呀！畢竟跳的是神，但抱在懷裡的，還是自己的孩子一人啊！

說眞的，這些孩子跟著香陣南征北討，跳得是很辛苦，尤其要叫一個活潑好動的兒童，在休息時還得像古代軍隊「銜枚」一樣的「銜香禁口」，整天不能說話，多難呀！但最辛苦的，還是他的家人，孩子在跳，他們得瞻前顧後，孩子睡了，他們得把胸脯變作床，還得注意孩子嘴上那支燃著的香，因爲一個不留意，睡的抱的恐怕都會跳起來！

宋江李逵AB臉

「宋江陣」是台灣民間陣容最龐大也最具聲勢的一支宗教性武術陣頭，主要流行區域在台南、高雄一帶的農村，大大小小不下五十支，之所以能如此熱絡，主因是南部鄉間尚維持農村的經濟形態，和蓬勃發展的廟會活動仍依歲節正常舉行之故。

宋江陣的名稱應該由《水滸傳》而來，梁山泊一百零八好漢的宋江故事，一直影響著中國民間，雖然有關它的歷史傳說衆說紛紜，但基本上，它的思想基礎和組陣結構，仍可在《水滸傳》裡找到蛛絲馬跡，因爲「替天行道」的草澤英雄，向來是我們樂於聽聞的故事，也是我們想要扮演的人物。

梁山泊有一百零八好漢，照講宋江陣應組一百零八人才對，但台灣民間從來就沒人組過這麼嚇人的陣頭，一般的說法是這樣會和梁山相剋，出陣會死人，所以沒人敢嘗試，不過，眞正的原因恐怕是組成不易、操練不易，目前最龐大的陣容是七十二人陣，但以意寓「卅六天罡」的卅六人陣最爲普遍，儘管這樣，只要一出陣，依然是「梁山人馬」，還是挺壯觀的！

宋江陣的扮演有「白身」和「開面」兩種，前者不化裝，多穿著運動服裝，汗衫短褲是最普遍的打扮，一般所見皆是此型；後者較爲講究，不但畫臉譜，還穿戲服，連手中兵器也和《水滸傳》描寫的一模一樣，像大統領宋江舞頭旗、副統領盧俊義握雙鐧、黑旋風李逵弄雙斧、鼓上蚤時遷執雞帚、母夜叉孫二娘拿雙劍、一丈青扈三娘耍雙刀、母大蟲顧大嫂提雨傘、花和尙魯智深揮長棍等等，台南縣關廟、高雄縣林園和屏東縣東港等地，都還有此型陣頭的踪跡，常在當地的廟會場合出現。

▶宋江舞頭旗，雙斧李逵在旁護衛。
▼黑旋風李逵就是有那麼點味。

在整個陣容的佈局上，領陣的必是舞頭旗的宋江，其旁也一定是弄雙斧的李逵，兇猛霸氣、威武神勇，臉「花」得一蹋糊塗，造形最爲出奇，他的任務是保護宋江，所以和宋江是跟前跟後，長相左右。至於其他角色，在造形上較不考究，有「像」最好，像「樣」即可，於是各個成員便海闊天空盡情發揮，隨興所至舞彩弄墨，所以才會有「風吹頭」、「AB臉」……的奇形怪狀出現，一行人一樣花，卅六好漢卅六種造形，而且形形有趣，人人有味！

宋江陣不演則已，一演便得有頭有尾，從「打圈發彩拜祖師」，必須一路演到「八卦陣」
才罷手，中途不得偷工
減料，否則犯忌
易生危險；這
一個「有頭有
尾」，打得快一
點，一小時可收兵，打
得「功夫」一點，兩小時也
在玩，演的人打得天翻地覆，
活力不足，看的人可會站得筋
疲力盡，腰酸背痛，此時，細看
這些奇形怪狀的臉譜和打扮，
正好可以稍解疲憊和無聊！

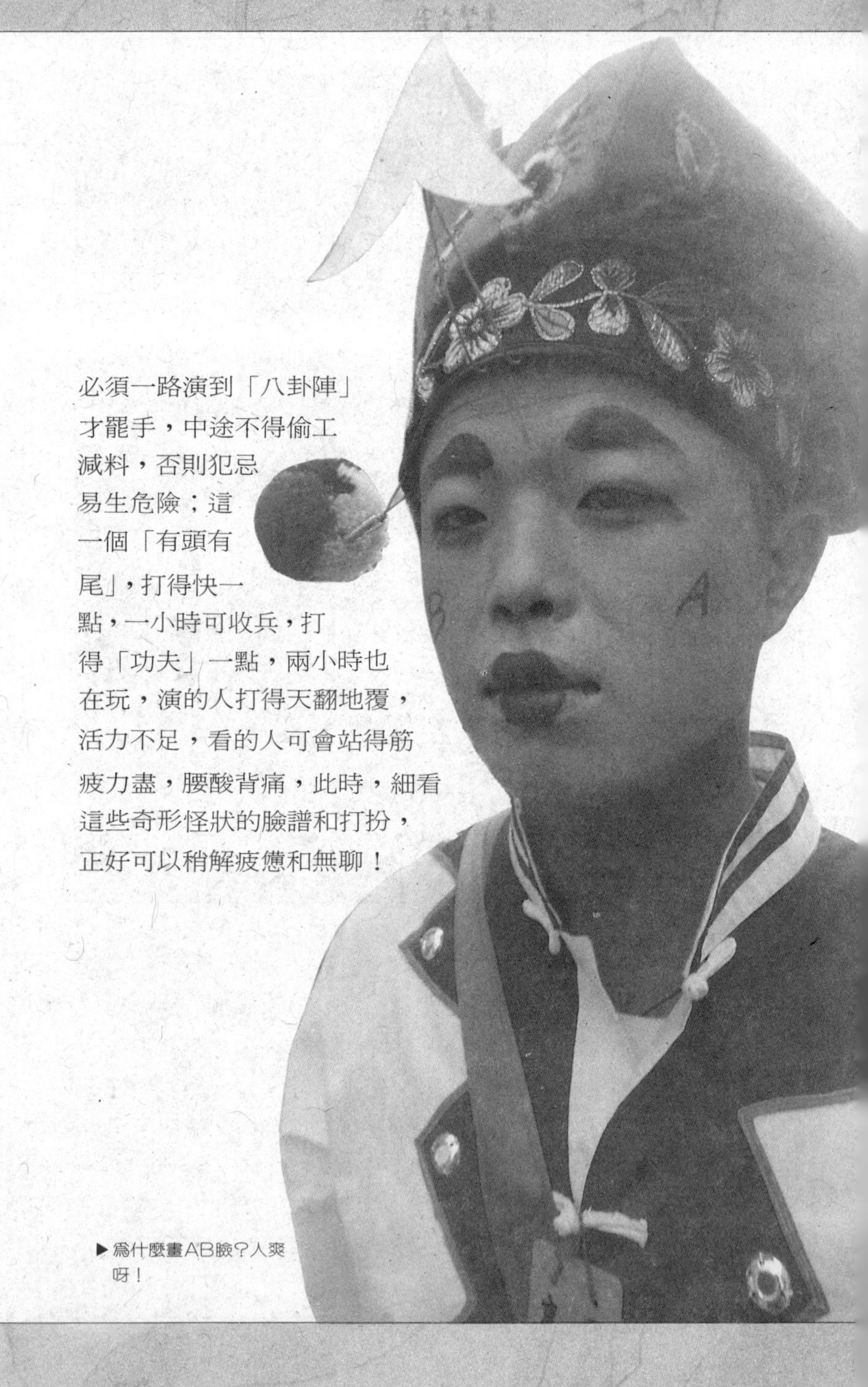

▶爲什麼畫AB臉？人爽
呀！

香火鼎盛火燒爐

凡是「信到最高點，心中有神明」的人都有這種經驗，即使不相信「舉頭三尺有神明」的鐵齒族也知道，拜神祭祖用過的三支清香，最後都要插進香（hiun[1]）的家—香爐，讓它「煙達靈界，神通萬里」，不過有時煙太大，通得太遠，一個不留意，香爐便會火冒三丈變成「火燒爐」，民間叫「發爐」，這是神界大忌。

香是「至治馨香，感於神明」的通神之器，咱們的老祖宗遠在周代便已知曉它的妙用，只是當時用的是薪材，懂得「以香熏神」，那是漢武帝以後的事了，當年由「海南諸國」傳進製香的素材和技術，才讓中國人大開「鼻」界，而中國神至此也才有福氣聞「香」下馬。

▶香爐最忌發火，尤以神殿內的小香爐。

◀其實香火鼎盛，香爐才會發火。

當我們手持三支「清香」拜神祭祖時，衆神諸祖聞的可能眞的是「清香」，但當老幼婦孺善男信女有志一同大家一起手持三支清香時，此時的「清香」恐怕會變成「熏香」，熏得叫人痛苦流涕、眼淚汪汪的「香」，三月的媽祖廟，四月的王爺廟，五月的關帝廟……哪一座不是香火鼎盛，煙火熏天？怪不得老廟樑柱會變黑，神龕會變黑，神像也會變黑，有些還眞的是烏漆抹黑，眞不知道萬能的神明，是如何撥開萬里「濃煙」而洞悉人心達成人願的？

問題就出在這裡，「香火鼎盛」不就告訴我們「香鼎」「火盛」—香支滿爐鼎，爐火很茂盛嗎？如此茂盛的爐火，焉能不「發爐」？可是民間卻把這種現象歸諸於「神在生氣」，或認爲是不祥之兆，

▶爲保香爐不「火大」，廟方得經常清理香火。

尤其家裡案桌上的香爐或「公媽爐」，更被視作「天大地大」的大事情，但認眞思考也並非全無道理，因爲它是火災的開始，「火燒爐」之後也可能馬上「火燒廟」！

如此說來，「發爐」眞正擔心的是當場無人，而不是當場無神，所以定時清理香爐和減少香支數量，可能是避免「發爐」的方法之一，筆者就曾在屛東東港看過東隆宮的「解決」辦法─你揷下去，我拔起來；你揷幾支，我就拔幾支！

揷拔之間，揷的人來來去去，沒有意見，但求意思到了就好；拔的人忙上忙下，不亦樂乎，還是安全第一；再說該來的神，早就被別人請來了，也不差你淸香三支！

這就是我們的信仰，沒有人說不對，也沒有人說不可以，更沒有人懷疑神明來了沒？在不在？

只是每座香火鼎盛的大廟，是否都能指派專人與香爐長相左右隨侍在側呢？

寺廟再有「發爐」，只要是在廟外，就讓它「發」吧！因爲那才是眞正的「香」火鼎盛！

東港請王看轎籤

「東港王船祭」舉台聞名，論王船之大，論場面之盛況，皆可獨步全台，尤其「請王」，更是轎群林立、人滿爲患；說它是「人滿爲患」，一點也不「卡通」，偌大的鎮海里海灘，能立足的地方，幾乎無一處可容身，簡直寸步難行，用「水洩不通」也難以形容。而這般人擠人的結果，大多數的人恐怕都搞不清楚，「王」是怎麼被請上來的，甚至連自己怎麼被擠進來，又如何被擠出去，大概也搞不清楚！

「請王」是迎請「代天巡狩」上岸的儀式，可視爲王船祭的開場戲。民間習俗認爲「王爺」來自海上，人神必須以隆盛之禮齊至海邊恭迎，然後請祂遶巡轄域，掃除魑魅魍魎，最後以王船送祂出海，再巡他地。東港請的「王」計有六位，分別是：大千歲、二千歲、三千歲、四千歲、五千歲和中軍府，爲了迎接這些貴客，東港自不敢怠慢，每科（三年一科）都動用了轄域七角頭和「交陪廟」七、八十頂神轎齊集海邊候駕，至於人員，當然得千軍萬馬始得以堪撐場面。

台灣民間對「無以名狀」的代天巡狩，有用紙糊神像表示，有用「王令」象徵，更有用抽象符號代替，東港（東港溪的王船系統皆然）流行用「王令」，祂是一種雕有龍圖形的五角長方木牌，出發前用紅布罩住，表示尚無神性，到了海邊後，才由道士作法開光點眼而附以神靈。

問題來了，如何判示才知道代天巡狩是否降臨了呢？民間的作法有「跋杯」（bwar³ bwei¹；擲筊）和「發輦（len²）」兩種，「發輦」又有童乩、手轎、四轎起乩等方式，東港則全不用這一套，

▼東港請王，神轎競相下水恭迎，順便泡個鹹水澡。

此地用的是大轎的「轎籤（chiang[1]）」由橫亙在大轎前後中間的那兩支「轎籤」擔負重任，在前的叫「頭籤」，在後的叫「尾籤」，每頂千歲轎至少一籤起乩，起乩的乩手此地叫「頭筆」；於是，人群中時見「轎籤」穿梭，「頭筆」狂跳，忽現忽沒，忽奔忽竄……

這段候駕時間，停擺於沙灘上的各地神轎，也不甘寂寞，紛紛連轎帶神下海迎接，表示虔誠，轎在水中，載沉載浮，人在浪裡，忽上忽下，這般禮數，諒必代天巡狩也會感動莫名，而早早上岸蒞臨，接受萬千善信款待才對。

◀以轎籤扶乩，唯有東港一地，大支小支海灘滿地跳。

◀大千歲到也！浸過鹹水的比較興。

說時遲那時快，代表大千歲的「轎籤」，忽從水裡竄起奔向祭台，在案桌上寫下値歲瘟王姓氏，於是，衆人齊喊：「大千歲到啦！」大千歲既到，「請王」香陣即刻打道回府，「啓程」聲下，現場一片混亂，如同部隊大轉進，大多數的人可能又莫其妙地被擠了出來，這就是「請王」。

「請王」，對主辦王船祭的東港東隆宮及其神職人員而言，是請到了代天巡狩的値歲瘟王，但對趕熱鬧的萬千好事者來說，「請」到的，恐怕是摸不著腦袋的丈二金剛！

王爺搞鬼炸油鼎

爲維護社會治安，古代的巡捕組織，對作奸犯科者有一套搜、捕、押、審、罰、判的制度；即使今天，政府也三不五時實施「一清專案」，清的盡是地痞流氓、角頭老大，證據不足的，當然立即開釋，但罪證確鑿的，則移送管訓，不是送龜山再進修，就是送綠島唸大學。人間來這一套，神界也不能免俗，看得到的，用公權力，看不到的，就得靠神權力了；每逢丑辰未戌之年十月間舉行三年一科王船祭的屏東縣南卅鄉溪卅代天府，都有一項別開生面又奇特怪異的王爺夜審大會，審判的對象，就是這些看不到的邪魔歪道和牛鬼蛇神。

南州鄉溪州代天府王船祭的時間，每科皆固定：農曆十月十三日「請王」一十四日至十六日「迎王」（遶境）一十七日下午「遷船」一十七日半夜「送王」，即燒王船。

「請王」是王船祭的開頭戲，凡有王船祭之廟，必有「請王」之事，所請之「王」即「代天巡狩」，民間俗稱「王爺」或「千歲爺」，請祂們來的目的，便是要驅逐瘟疫和祈求平安，其實這是「送瘟逐亡」所繁衍的遺意；今天不管王爺眞正的身份如何，祂在人們心目中早已是萬能神明了，因此，古代王爺「遊縣食縣，遊府食府」，並下聽民意、排解民瘼和升堂辦事的觀念深植人心，而被轉借於「代天巡狩」的身上，成爲一種權威和任務。

南州王船祭從「請王」之後，王爺的「中軍府」，便帶領著神兵神將日夜在轄域巡邏查察，凡有遊蕩孤魂或飄泊野鬼，統統押解回府囚禁在中軍府中，一連五天，從十八日一直抓到廿二日，不但比「一清」抓得久，而且抓得乾淨；至於如何抓，恐怕除了神

▼中軍府內三不五時便有「立正！站好」的吆喝聲傳來。

▶炸過油鼎後，押解出庄。

兵神將之外，誰也不知道。

十七日這天入夜，王爺升堂「威武」一番，大審這五天來抓到的各路「英雄好漢」。審堂就在中軍府的內室，主要刑具是一只熱滾的油鼎，由大千歲的童乩主審，執事排班手執刑具分站兩路，禁止閒雜人等靠近；闈帳深深，府內森森，誰也看不到裡頭如何「搞鬼」，只偶而聽到審堂刑爺大喝「立正站好」、「跪下」，和童乩或「放」或「炸」的搭唱。放，表示釋放「善的」，由刑爺雙手緊握的送出中軍府放走，每放一「鬼」，便燒數束銀紙給祂當路費；炸，表示「惡的」，既是惡的，便要把祂下油鼎炸死，讓祂萬世不得超生，以絕後患，聽說炸的時候會有「吱吱」的叫聲。信不信由你！

審後，童乩跳出中軍府，在入口處用手指揮著「善的」趕快走，趕快去投胎；隨後，審堂刑爺用船槳押著油鼎，由內奔出，直送庄外大排水溝丟棄，表示邪魔歪道已矣，盡隨流水西去！

這是一場戲，一場道道地地的神話劇，但比連續劇有趣，劇中有人世間的勿枉勿縱和罰惡觀念，也有人世間的人情味和同情心，更有人世間的煩惱和憂慮！

◀丟入河溝聞香，讓你永不得超生。

遊江祭祖媽祖船

台灣民間所造的彩船，幾乎都是爲恭送王爺出海的「王船」，只有爲數極少的「法船」、「送魂船」、「請親船」和「阿立祖船」，但今天除了某些「法船」是水漂的之外，其餘不管什麼神船，最後都是火化一途，鮮少例外；不過，位在台南市安南區顯宮里的天后宮，卻有一艘從來不燒的神船，號稱「媽祖船」，而且三不五時還來個下水典禮，遊江去也！

顯宮里庄名叫「媽祖宮」，爲北線尾之遺跡，位於鹿耳門溪南岸，主祀天上聖母的天后宮，是此地的首廟，從一九五六年起便與北岸的土城聖母廟，有著「鄭成功登陸地點」和「開基鹿耳門媽祖」的正統之爭，至今餘波蕩漾；由於兩廟皆以「媽祖」爲訴求對象，所以大小活動泰半都環繞著媽祖而運轉，此廟最有名的，便是一九八四年舉行的羅天大醮，醮儀不但有「媽祖醮」，還破天荒造了

▶仙女閃開，太空飛船降臨了。

◀膠筏拖著媽祖船緩緩駛向曾文溪口。

一艘「媽祖船」，在醮後讓媽祖搭乘返回湄州，不過戒嚴時期船到鹿耳門溪口便已算意到，意到就是神到，神到就來個拖吊——拖吊回廟供人參拜憑弔，直到今天，可能也會直到永遠。

「櫥窗裡的寶物，永遠只是標本。」天后宮深懂此理，便在一九九一年「媽祖生」前夕，舉辦了自稱是「台灣史上第一次」的迎媽祖船活動，廣告詞是：遙祭湄州祖廟，撫慰吾民慎終追遠認祖尋根之情，感念鄭王驅荷復台繁衍我族之功。

台灣確實沒人這樣搞過。首先，媽祖船被來自十方的千萬善信，連拖帶拉的由廟前拜壽亭推到鹿耳門溪岸，這段陸路行舟和各地王船祭雷同，並無奇特之處，奇特的是媽祖船的下水——請來吊車五花大綁，如同「飛天太空船」一樣的被吊離地面放進溪裡；而更奇特的是祂的航行，由兩艘大型的機器塑膠管筏左右夾擊前進，於是，十二仙女兩邊排，童乩指揮向前走，媽祖船倒也貢像古代的艨艟遊江，一路鑼鼓喧天，八音齊鳴，熱熱鬧鬧、浩浩蕩蕩；船行水中兩公里，盡在蚵架間左拐右彎，但竟也勢如破竹，無攔無阻，直航溪口。

溪口沙灘設有祭壇，人神下船後在此舉行遙祭湄州祖廟的尋根大典，一行人向西猛跪猛拜，跪完拜完點心也吃完，這才原船原路原方法的返回原廟，大家的共同心聲是：媽祖船遊江原來這麼辛苦！

解嚴之後的台灣，在流行著動不動就組團前往大陸尋根謁祖的今天，北線尾天后宮不跟人家趕風潮，而願意留在這塊土地舉辦也是尋根謁祖的「媽祖船遊江」，雖然是間接的，而且還只是象徵性的，但她卻為台灣民間信仰創造了一個民俗空間——一個完全屬於我們自己的民俗空間，如能再稍加設計而持之有恆的話，北線尾天后宮不紅恐怕也難！

▶壯觀的祭場，隆盛的祭典，看神看人也看海。

第三輯／

神仙篇

朝山法會波羅蜜

不管您是不是佛教徒，應該都會唸「南無阿彌陀佛」或「南無觀世音菩薩」，雖然南方不見得有菩薩，但佛教徒的「朝山法會」，卻都深信「佛在此山中」。

朝山法會是佛教最通俗、最民間化的宗教活動，人人皆可參與，其意是指前往名山古寺進香拜佛，開山祖師據說是清代虛雲法師。

虛雲法師（一八四〇——一九六〇），湖南湘鄉人，十九歲出家學佛，爲報三寶恩、父母恩、國家恩和衆生恩，遂發願朝拜四大名山，即山西五台山（文殊道場）、四川峨嵋山（普賢道場）、安徽九華山（地藏道場）和浙江普陀山（觀音道場），終以毅力感動觀音菩薩受到神助而走完全程，今天台灣各地舉行的朝山法會，學

◀阿彌陀佛！車子要開好，別撞到我。

習的，就是這種精神。

朝山法會雖可自由參加，但卻不能自由行事，仍有一套規矩，這套規矩叫「朝山儀軌」，聽說是中國佛教盲人圖書中心的蓮懺法師所創。

儀式分四個階段進行：

①**演淨**／由住持誦經禮贊菩薩。

②**行脚**／開始走路，多成縱隊前進。

③**朝山**／行脚至指定地點，即行三步一跪的伏地拜佛禮，此時，一個口令一個動作，一個節奏一個唱法。

▶這位仁兄最辛苦，端這樣走了一個晚上。

◀朝山只爲完成出家人的一點小小心願。

——三步時：唱「南無××菩薩」（依神誕對象而定）。

——一跪時：唸「往昔所造諸惡業，皆由無始貪瞋痴」。

——起立時：唸「從身語意之所生，一切我今皆懺悔」。

——三步時：唱「南無××菩薩」。

如此反覆循環下去，直到入寺；通常時間都得花上兩三個小時。

④回向／「回向」就是將功德回給衆生，先向佛祖鞠躬「問訊」，再自我「懺悔」贖罪，後然「皈依」向佛，最後「回向」齊唱「回向文」：

朝山功德殊勝行，無邊勝福該回向；

普願沈溺諸有情，速往無量光佛刹；

十方三世一切佛，一切菩薩摩訶薩；

摩訶般若波羅蜜。

唱完「波羅蜜」，喝過「波爾茶」，也就結束了朝山法會；進了佛寺，見過佛祖，恐怕得開始捶捶背，按摩按摩膝蓋了。

朝山法會發願的是一種懺悔、消災與回施衆生，在「我佛慈悲」之外，當亦培養「我也慈悲」的胸襟與氣度，要不，「蜜」就白唱了，「茶」也白喝了，而地恐怕也白跪了！

南無觀世音菩薩！阿彌陀佛！

別把殺生當放生

如果您是佛教徒，對「放生」一詞當不至於太陌生！

放生是佛教界的家常便飯，各地都有，到處可見，大多由佛寺或「放生功德會」的團體主辦，佛教徒或善心人士參加，地點以本寺、水庫或海邊爲多，時間雖不定，但以神佛聖誕當日或前後假日爲主，如觀音生、釋迦生、阿彌佛陀生等等。

憨山大師有一首「放生功德偈」，大概是這樣說：

人既愛其壽，物亦愛其命；

放生合天心，放生順佛命。

佛界流行的放生，所放之「生」，獸禽蟲鳥、魚鱔龜鱉都有，最多的是鳥類和烏龜，出發點應該都是：悲憫萬物大發慈悲，善體天地好生之德，本著救一物命即救一佛子之心參加，希望各返山林各歸水濱，使物得以生，生得以不息；據說經常這樣做，現世報可以「子孫昌、家門慶，無憂惱、少疾病，解冤結、罪垢淨」，來世報也可免投胎爲動物之苦，還可爲父母添壽，簡直是「一藥治百病」！

依佛界的說法，放生具有三種布施：財施、法施和無畏施。花錢買下受困或待宰的小動物叫財施，放生時爲牠們唸咒、說法、皈依就是法施，至於無畏施就是解救牠們的性命，使牠們免於死亡的恐懼。

放生也是做善事，本無可議之處，但生活富庶心存作秀的今天台灣社會，再美的善事，搞到最後也會走火入魔，以放生鳥類一項來說，已鮮少有人眞的慈悲大發的買下路旁籠中之鳥來放生，多是爲放生而放生，花錢捐金委託佛寺辦理，而佛寺則在放生日

◀放生代表什麼樣的宗教文化？善心？趣味？
▼衆人搶著放生，好似娛興節目。

▼走吧！自求多福吧！再被抓到就進五臟廟了。

之前到鳥店訂購，鳥店人員再依訂單四處捕獵或向人收購，這種連鎖關係，形成一個有趣但卻可悲的現象，那就是：抓一批，交一批，死一批！

而交給寺方放生的這一批，只要一放，馬上跑出兩個問題：其一，適應能力不良，死亡絕對難免，尤其是幼鳥；其二，集中一處放生，破壞生態平衡，特別是本土動物。這樣下來，放生變成「殺生」，善事變成壞事，這可是「害牠往生罪業大」呀！

但也有這種合理說，放生夭亡是因有罪孽，只有善緣始能求生存！把佛界因果論也用在這裡，恐怕只在彌補良心之不安，果眞如此，那眞的是阿彌陀佛了！

鳥類如此，其他放生物就更不用說了！

眞正的「放生」，不只放走形式的獸禽蟲鳥、魚鱔龜鱉而已，也要放走內心的獸禽蟲鳥、魚鱔龜鱉！

阿彌陀佛！

王爺旗杆顯威風

「十五十六結完親，十八福州中舉人，舉人門口來豎旗，風吹旗葉相交纏。」這是道士戲〈十月懷胎經〉裡的一段，略述中舉之後返鄉「豎旗祭祖」光耀門楣的情節。這裡所謂的「豎旗」，就是豎立旗杆，俗稱「舉人杆」，這是科舉舊制對中舉之士的一種禮遇和榮耀，多設一對，龍虎兩柱左右相望，其上各有圓斗和方斗的「旗斗」，圓斗象徵天圓之地，方斗則表示仕宦之身，多設一副，但進士可設兩副。

此一規制相傳是明皇朱元璋所創，起因於他微時「走路」時，曾受燕雀口銜米穀相濟而得以殘生，及得天下，便設置方斗盛穀，斗沿再豎小紅旗，以招引燕雀飛臨享用，藉以報恩，後來逐漸衍化才變成宦將身份的象徵。

然而，在大官變公僕的今天，科舉已遠，豎旗亦矣，咱們早就

◀小琉球的旗杆以單支爲多。

▶南部、澎湖的王爺廟，大多豎有旗杆。

不流行這一套了，可是這一套卻很受「王爺廟」的歡迎，尤其南部幾座財力雄厚、名氣響亮的王爺廟，更是廟廟有旗杆，杆杆入雲霄，一座比一座有派頭，一座比一座顯威風！

民間神廟雖然流行豎立旗杆，但也並不是任何廟宇都可以隨意豎立的，他的主神必須具有玉帝或皇帝敕封過的「帝」或「王」的身份才有資格，這套觀念顯然是受到科舉制度的影響，而它的規制和理念也是由此而來，如柱上設旗斗即是，只是神界的旗斗，在意義上略異於「舉人杆」，上方的圓斗是象徵可以通天，下方的方斗則表示招降「五營兵馬」，當然斗沿用的不會再是小紅旗，而是意寓五行五方的「五營旗」；有些王爺廟認爲祂的「王」比人家的大，所以旗斗便也增加爲兩副或三副，這種理所當然的想法，當然又是科舉舊制的遺意。

雖然同爲旗杆，但因區域不同，流行上也會有所差異，如屏東一帶多僅豎立一支，而台南地區則全爲一對；有趣的是，台南地區看不到柱上有龍、虎造形的，倒是屏東一帶把龍、虎同擺一起，龍朝下，虎朝上，大概這就是所謂的「龍翻虎躍」吧！

受限於高度，在材質上，旗杆大多採用木材，通常以三丈六（寓卅六天罡）最多；而最高的，恐怕是台南縣仁德鄉大甲村的萬龍宮，高六丈六尺，因太高找不到這麼長的木材，所以用水泥電桿代替，這大概也是全台絕無僅有者，聽說最早主神二府千歲指示的高度是七丈六尺六寸，後來境民以「怕風」爲由請求降低才勉強同意，神明在好商量之餘，恐怕也知道取材不易，只是這般高度，到底是「神」在大顯威風還是「人」在標新立異？到底是「神」沒有長度觀念還是「人」缺乏尺寸概念？

◀仁德萬龍宮的水泥旗杆，高六丈六，全台最高。

王爺頭上搶鯉魚

鯉魚在民間信仰中，向來被視作魚中之貴，是吉祥、平安的象徵，因此，凡是有鯉魚作爲裝飾祭物的任何科儀場合，它通常都成爲廣大善信覬覦的對象，想得之而快之，燒王船的「搶鯉魚」，就是最好也是最典型的例子。

燒王船是台灣民間「瘟醮」(即「王醮」)的最後完成式，目的在送走瘟王，民間俗稱「遊天河」(放水流叫「遊地河」，目前已不流行)，場面都盛大熱鬧。

爲讓瘟王走得心甘情願，善信爲祂所造的王船，必須柴米油鹽醬醋茶樣樣齊備，吃喝拉撒睡件件設想週到，有如古代帝王搭乘御船出巡一般，當然，船上的各項航海器物也馬虎不得，全都得照規矩來，倉廳、廚櫃、船槳、桅桿……無不一應俱全，就是風向儀也要擺掛齊全，鯉魚通常就是被拿來當作風向儀的裝飾品。

▶下來了下來了，看的比搶的還高興。

王船有三桅，分別是頭桅、中桅和尾桅，其中僅頭桅和中桅裝有鯉魚風向儀，這兩隻鯉魚，也就是大家注目的焦點，尤其中桅鯉魚，在民間傳說中最具靈力，放於船上可保航海平安、魚獲豐收，擺於家中，可以鎮宅辟邪、納福得利，再加上唯妙唯肖的紙糊造形，藝術趣味頗高，祈安擺飾兩相宜，這也就難怪大家虎視眈眈了！

一般燒王船的情形大致是這樣：以人力將王船由王船地拉到燃燒地——舉行開水路和歡送儀式——堆放金銀紙在王船四週——放火燃燒。通常一般木製王船,只要兩小時就燒得差不多了，燃燒中先倒下的是尾桅，其次是頭桅，最後才是中桅，中桅倒下時，通常都已經四個小時以後的事了，不過桅一倒，表示王船祭正式結束。

頭桅倒下時，因桅桿較短，幾乎都在火堆中，很少有人敢去冒險；而中桅則較長，大多在火堆外，即使在火堆旁，因具特殊意義，也必定招來各路英雄好漢下場搶奪，這一搶，絕對出現三個現象：一、你推我擠，大打混仗；二、有人燒傷，有人燙傷；三、鯉魚粉身碎骨，體無完膚。

◀中桅一倒，大家一起搶鯉魚，但搶到的只是一身傷。

▼大家夢寐以求的獵物，就是這尾鯉魚。

一般所見，被搶後的鯉魚少有「完屍」的，運氣好的話，多人同時搶到而變形尚不大時，解決的方法是到廟內擲筊，杯數多者得之，想來這也是「戰後的和平」吧！

「搶鯉魚」雖是王船祭中的一項民俗遊戲，但只流行在西南沿海地區，屏東縣東港溪流域（東港、南州、琉球）的王船祭，並不來這一套；不過因爲這種「搶法」，已經預埋「必然而明顯」的危險，所以像台南縣西港、佳里、安定等地的燒王船，也禁止「搶鯉魚」，他們的說法，除了危險之外，還多了一項：該給瘟王的，一樣也不能留下！

無雨齊跪問蒼天

如果您的記憶還不錯的話，應該還記得一九九一年五月份前內政部長許水德在台南府城祈雨的新聞，結果隔日果然天降甘霖，雖然雨勢不大，但總算沒有「漏氣」；可是稍後，接下來也想如法炮製一番的地方官或民間團體，就沒有那麼「好運」了，祭了半天，祈了半天，四果鮮花不說，光金紙就燒了好幾千塊錢，嘉南水利會和許多農會，便都是這樣「偷雞不著蝕把米」的！

折騰了老半天，一滴雨也沒下，唯一的收穫就是員工多吃了一些免費（應該說「公費」）的水果！

也許這就是咱們常說的：「官大運氣大，官小運氣小」吧！

說來眞傷腦筋，那年台灣剛好碰上十二、三年一週期的乾旱期，進入梅雨季，依然是沒雨季，怪不得從中央到地方，從大官小官到升斗小民都祈雨連連，一拿起香來便拼命磕頭，請老天爺趕快下雨；最有趣的是，五月下旬台南縣佳里鎭長特地率領各課室主管，前往正在舉行三年一科王醮的西港慶安宮祈哀求雨，希望千歲爺趁代天巡狩之便，也能順便代天降雨，用心可眞良苦，無奈千歲爺無動於「哀」，慶安宮說：還好沒下雨，要是下雨，刈香和燒王船就沒戲唱了！

看來，千歲爺還眞難做「神」呢！

祈雨是咱們這個多神信仰民族的特有祭儀，我們總認為雨既然由天而降，一定有專「神」在發號司令，透過賄賂式的儀式，應可讓祂老兄感動而施捨一些雨水，所以這套儀式從古到今便盛行不衰，而且樂此不疲，只是降不降雨，並非「祈雨」所能決定，果眞「祈而得雨」，那只能說「青瞑雞啄著蟲」——「注死的」（碰

▼祈雨的儀式不是很重要，最重要的是運氣。

巧的）！

就純信仰層面來看，祈雨的主祭者，在官方爲政府首長，在民間則爲僧道；官式的祈雨，以搭台設壇爲之，方式較爲簡單，民間則不定，簡略有之，繁雜亦有之，比較正式的祈雨古俗是這樣：

在廟前搭台設壇擺香案，並在中央和四角所謂的「五方」各擺置一個水甕，終日焚香，由高功道士登壇主祭，誦經請神唸祭文，祈求玉皇上帝和四海龍王體恤民艱，速速降甘霖；畢，燒金焚祭

◀下雨吧！再不下雨沒水洗尿布了！

◀運氣好的話，雨衣會來不及穿。

文。如此祈法，直到下雨爲止。如果數天之後還是「沒雨跡」的話，就要把壇移到海邊，繼續奮鬥下去，反正「總有一天等到雨」。

等到眞的下雨了，轄域住民便要「刣豬倒羊」和演戲酬神，謝天謝地謝海龍王一番，並誦讀「表文」和燒金放炮，以示「謝雨」；當然囉，各種祭品循例最後還是「謝」進了五臟廟。

祈雨！祈愚？祈雨也許眞的只是祈愚，但不管誰在祈雨，對咱們這些愚夫愚婦，多少也有安定人心之效；說眞的，如果眞的能祈而得雨，那做個「祈者愚也」也笑笑了！

水仙尊王不裝蒜

有這麼一句俚語：「水仙不開花，裝蒜。」水仙花不開可裝蒜，但和水仙同名的神祇——水仙尊王，雖然也不開花，但絕對不會裝蒜，也不敢裝蒜，因爲「祂們」都是名見經傳的歷史人物。

之所以用「祂們」，乃是水仙尊王至少有十尊，這和一般一種神稱就是一尊神祇，最了不起也只有兩三尊的情形大異其趣，可視爲台灣民間信仰中的一個特例，不，應該說是一個異數。

水仙尊王也稱水仙王，向來爲漁民所崇祀，因爲祂是討海人的保護神，澎湖和小琉球爲其主要信仰圈，在台灣十二座水仙尊王專廟中，這兩個離島就佔了一半；不過歷史最悠久的，大概要數台南市神農街的「水仙宮」，創建年代大致在康熙年間，這也反映此地當年的漁港色彩。

▶水仙尊王絕不裝蒜，算算可能有十位。

「水仙者，洋中之神」，到底有哪十尊洋中之神呢？說來有趣，民間的認定邏輯很簡單，只要和「水」扯上關係的歷史名人，便都是水仙尊王，管他是治水還是跳海的，祂們分別是：

①**大禹**／只因祂治水有功，祂同時也是三官大帝中的水官，水仙尊王廟中的單一神祇就是祂老人家。

②**伍員**／即春秋楚人伍子胥，奔吳滅楚報父兄之仇後，因主張伐越而為太宰嚭陷害，受吳王夫差賜死，只因臨終前說了「抉吾眼懸諸吳東門，以觀越人之入滅吳也」，而惹火了夫差，將其死屍「革囊盛之，投之於江」，目的是「孤不使大夫得有見也」，這一「投」，便也把祂投上了供桌上。

③**屈原**／憂時事、作《離騷》、最後高唱「舉世混濁而我獨清，衆人皆醉而我獨醒」，之後懷石自沈汨羅江的故事，你我皆知，想不到這一跳卻跳進了青史，也跳進了端午民俗，更跳進了仙班神界。

④**李白**／之所以和水仙尊王搭上線，主要是由傳說故事中的「醉酒撈月，溺於采石江」而來；不過較正確的「死法」，聽說是「賦臨終歌而卒」，不是溺死。

⑤**王勃**／唐人，即「落霞與孤鶩齊飛，秋水共長天一色」的〈滕王閣序〉作者，廿九歲那年，南下探父，溺死於南海，因是奇才，所以水仙尊王也軋了一「脚」。

⑥**寒奡**／夏代寒浞之子，《史記》載：「奡多力，能陸地行舟」，漁人行船遇狂風，便多祈求能使舟行陸地。

⑦**伯益**／此人曾刳木為舟，輔佐大禹治水有功，明洪武年間列

▶大禹是水仙尊王的大哥大，今天都以祂爲大。

爲武廟從祀。

⑧玄冥／此乃北方之神，因北方屬水，所以「玄冥，水神也。」

⑨項羽／即被劉邦打敗的楚霸王，感歎「此天之亡我，非戰之罪也」後，在烏江舉劍自刎，因死於江中，所以也被抬上水仙宮奉祀。

⑩魯班／一般多指春秋魯人公輸般，祂是唯一和「水」沒有關係的水仙尊王，民間之所以奉爲水仙，據說是漁人看上祂能「巧侔造化，嘗作木鳶，乘之而飛」的卡通神技，希望在船難時也能「乘木鳶而飛」。

通常水仙尊王廟供奉的神像，不是一尊便是五尊，如僅一尊，祂就是大禹；若有五尊，則有兩種情形：

其一，以大禹爲主神，伍員、屈原、李白、王勃爲配祀。

其二，亦以大禹爲主神，其左右爲伍員和屈原，另最旁兩尊則由李白、王勃、寒奡、伯益、玄冥、項羽和魯班等神輪遞。

水仙水仙，詳細看看水仙，眞的不是溺水就是跳江，拜這麼多水仙，到底是民胞物與同情心，還是只是「一副牲禮」的祈求心理？

廣澤尊王娶老婆

只要有廟，便有廟神，只要有神，便有神話，一則傳奇的神話，往往就是神明的造像依據；「盤右脚，垂左脚」的廣澤尊王，即是神界非常突出的一位。

廣澤尊王據說是唐代泉州人郭洪福（一說郭忠福），成神時之所以「盤右脚，垂左脚」，乃是當祂打坐準備升化之際，被聞訊趕來阻止的叔父拉下所造成，這也就是今天廣澤尊王「右脚打坐，左脚下垂」的造形由來；那年祂才十歲（一說十六歲）。

這段「造形神話」並不稀奇，最奇特的是，廣澤尊王娶妻生子的故事。

◀右脚盤腿是十三太保廣澤尊王的註冊商標。

話說廣澤尊王昇天成神後，被當地人供奉於鳳山寺；此時，寺後住著一對道士夫婦及其女兒。一日，此女在河邊洗衣，忽然撿到一個漂來的木盒，打開一看，內有一支玉鐲，便順手往手腕一套，可是這麼一套就再也取不出來了，後來才知道這是廣澤尊王給她的「定情物」。

不久，此女婚嫁之日，迎娶隊伍路經鳳山寺，忽然大風狂吹，把花轎給吹入了寺內，把新娘給吹上案桌，原來，她被廣澤尊王「抓」去當老婆了，祂就是妙應仙妃。

小倆口「結婚」後，寺方特闢一廂作為洞房，從那晚起，夜半時聞嬰兒啼哭之聲，每次翌日即見床上一堆來歷不明的「泥土」，寺方乃請示神諭，得知此「土」乃其「子」，必須予以塑造神像，尊稱「太保」；結果，前後共「生」了十三位，合稱「十三太保」，

▶屏東是十三太保的大本營，每一保都很寶。

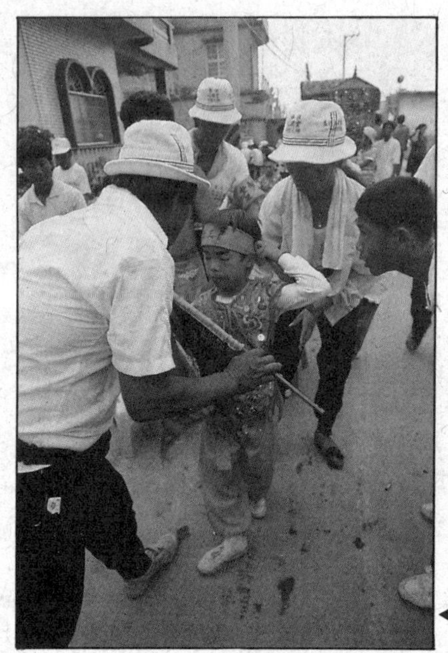

◀小太保可是大脾氣，大人都得禮讓三分。

造形扮像一如「生父」廣澤尊王，也是童臉、盤右脚、垂左脚。

這段神話正好驗證民間一句俚語：「囝仔娶囝仔生囝仔」，閒來沒事，小孩爸爸可以逗逗小孩兒子，三不五時還可以帶出去打打棒球，一家美滿，其樂也融融。

台灣民間看上了這個有趣的「神仙家庭」，便依其數目組了一個陣頭，名稱就叫做「十三太保陣」，屏東縣東港鎮鎮靈宮和小琉球本福村幸山寺，即都各擁有一團，這可能也是台灣僅有的兩團。

「十三太保陣」的太保造形，頗似八家將，戴太子帽、著太子裝、背太子劍，皆由當地國小學童裝扮；表演時，身體搖晃，雙臂擺動，左右抬脚，步伐誇張，隊分兩路時分時合，動作威猛既快且大，肅穆之餘，頗有童趣。

廣澤尊王以十歲的毛頭「小」神，竟能娶得美嬌娘，又生了一大窩，最後還被組成陣頭走入民間到處作秀，眞的是有夠神話，神話是很厲害，但更厲害的，恐怕是創作神話的人。

神明落難看壽牌

一九三七年第十七任台灣總督小林躋造厲行實施所謂「皇民化運動」，加速「內（日本）台一體」和「內地延長化」的同化政策，大力推行日語的普及，姓名的改易，習俗的變更，不但限用台語，也禁演布袋戲和歌仔戲，同時更雷厲風行的大搞「拆廟燬神」的勾當，強迫所謂「天皇赤子」的台灣人去拜「神社」，這一拜，「日本神」不見得拜到了福氣，但「台灣神」卻遭到無妄之災，倒了八百年的楣。

「皇民化」期間，凡是名不見經傳或無人管理的大小「神偶」，統統被列爲「昇天」的對象，日本人到處搜查覓取，然後集中火化，這是開台以來台灣神明最落魄也最落難的時期，舉台風聲鶴唳，台灣人雞飛狗跳，台灣神東藏西躲，比八〇年代「大家樂」、「六合彩」流行期間的受刑命運，還來得悲慘和可憐。那幾個年頭，台灣人爲不使神明遭殃，各地都和日本人玩起躲貓貓的遊戲，紛紛把神像藏起來，據說最安全的避難所是床下、倉庫和豬圈，袖珍型的神像有的還被綁在褲管內隨身攜帶；就這樣，「神明走了了，日本輸了了」，台灣神和台灣人共體時艱、共渡難關的挨到台灣光復，這眞是一段有血有淚生死與共的信仰經驗呀！

不過，也有些寺廟得天獨厚而不必如此地草木皆兵，主祀天上聖母的嘉義縣新港奉天宮便是一例，因爲此廟擁有一塊裕仁天皇特贈的「壽牌」，就憑這個玩意兒，日本人便不敢動她一根汗毛。

至今仍不停與北港朝天宮論戰「笨港天后宮」和「笨港媽祖」正統的新港奉天宮，一九八八年以後因「大甲媽祖」的遶境進香而益加突顯宗教地位，對廟內藏有這麼一塊「裕仁壽牌」，一直把

◀新港奉天宮至今尚與北港朝天宮爭歷史地位。
▼奉天宮近年拜大甲媽祖之賜，香火特別鼎盛。

▶「裕仁壽牌」據說是奉天宮免於被毀的護「神」符。

它當作是無上榮幸的「廟寶」，平時深鎖鐵櫃中，不輕易示於人，非有緣人不得觀「賞」，這塊壽牌像寶物一樣的被用盒子裝框起來，壽牌只有十個藍色大字：「今上天皇陛下聖壽萬歲」，據說是「異族元首恭知本宮媽祖來歷，保證在其治下永不被毀」的特贈物，新港人很驕傲的解說，就是因爲這塊壽牌，才使「皇民化」期間的奉天宮西線無戰事，歸究原因，那是媽祖的靈聖。

壽牌究竟是否爲裕仁所贈？是否也變成「皇民化」的「護神符」？於今看來已非重要之事，倒是這塊壽牌可以爲日本人不尊重他國文化和宗教的惡行，留下一個見證，也許這也是媽祖之「興」吧！

四、五十年後的今天，台灣的大小神明各自大展神威，「興」得離譜，但當年也「興」得離譜的神社呢？

神佛聖像巨無霸

在經濟突飛猛進的今日台灣，大家的物質生活富裕了，任何東西求好求美也求大，像大別墅、大轎車……連精神層面的審美觀點也唯大是美，民間宗教就是一個最好的註脚，小小庄頭蓋了一座大得離譜的大廟，而大廟裡頭不但有大得突兀的光明燈，也有大得出奇的匾額，更有大得叫人大吃一驚的神佛聖像。

提起大佛，遠的，也許我們馬上會聯想到大陸的敦煌莫高窟（千佛洞）、龍門石窟……。近的，或許是基隆中正公園的觀音大佛、新竹關西鄉六福村的大臥佛、彰化八卦山和高雄大樹鄉佛光山的釋迦牟尼佛……一尊比一尊大，一尊比一尊高，這些年更是愈搭愈大、愈搞愈高，台北瑞芳鎮金瓜石勸濟堂的關聖帝君、南投魚

◀「唯大是美」是今天我們的審美標準？還是財富的象徵？

▶大廟頂端立了一尊其大無比的神佛，蒼生呀！看我吧！（史文展／攝）

池鄉啓示玄機院的孔明先師、花蓮天祥祥德寺的地藏王菩薩等等，都是後「神」可畏者；尤有甚者，還來個神佛總動員大集合，讓祂們齊聚一堂，普度衆生，彰化斗六市湖山寺便有這麼一個「千佛雕塑公園」，諸位神佛閒來無事，在聊聊天、嗑嗑瓜子之餘，還可以看看來來往往、忙忙碌碌的衆生相。

不知道從什麼時候開始，也不知道從哪裡興起，原來只在寺廟內外的大尊神佛聖像，這些年也流行上廟頂，信手拈來，從北到南至少就有這些寺廟：

台北木柵指南宮天公壇廟頂的玉皇上帝；

台北鶯歌鎮鶯歌石旁宏德宮的孫臏祖師；

新竹市關帝里青草湖關帝廟的關聖帝君；

苗栗竹南鎮中英里后厝龍鳳宮的天上聖母；

台中市北屯區關帝廟的關聖帝君；

彰化員林鎮出水里廣天宮的關聖帝君；

台南新營市太北里太子宮的中壇元帥。

大尊神佛上到高高的廟頂，望著遠遠的大地，看著濟濟的善信，一副唯我獨尊之相；而來自四面八方的善男信女，在參拜途中老遠便已看到神像，也許會立即肅然起敬，虔誠之心油然而起，未到目的地，恐怕早已五體投地了！看來，廟頂的大尊神佛，除了當「標幟」之外，應該也有威赫作用，說不定還有「定心」功能！

爲要神威遠播，神耳遠聞，神眼遠觀，廟頂的大尊神佛幾乎都是大得離奇的巨無霸，這在突顯今天台灣的經濟成果之外，也反映了二十世紀九〇年代台灣人的宗教理念和審美觀點；在「有樣學樣，無樣家己想」的模仿文化之下，這種現象恐怕將會是未來寺廟建築的一支流派——一支唯大是美但卻很不協調又很奇異的流俗派別。

◀晚近大廟最愛塑造大尊神佛，大概是大才有神吧！

神偷要神也要錢

大家樂和六合彩狂飆年代，是台灣荒野小廟和奇神怪祇最風光的時期，想當年，「野廟夜夜樂迷衆，陰神處處香火盛」，多少人爲祂痴迷，多少人爲祂陶醉？那是因爲簽單張張中，彩金日日來，結果是「小祠翻修變大廟，尊尊菩薩尊尊笑」，多風光呀！

但曾幾何時，「一夜致富一夜窮，十次彩金一次空」，多少人爲祂氣結，多少人爲祂家破，只因張張槓龜，期期輸錢，結果是「大廟小祠沒人理，大神小神落難期」，多悽慘呀！

說祂悽慘，絕不故作哀鳴狀，世界上大概沒比「斷手斷脚，身首異處」的神更落難了吧！

原是「天下本無事，好神自爲之」的諸多陰神，萬萬料想不到，一場「明牌風暴」，竟讓祂威赫顯靈，也讓祂殘廢潦倒，眞箇嘗盡人間冷暖！要怪只怪自己有脚不會走─要不然也可以「見好就溜」；要怪只怪自己有嘴不會說─要不然也可以「喝退神偷」！

▶鐵窗不是怕祂跑出來，而是怕你溜進去。

▼紅花花的鈔票，怎能不引發神偷的小露兩手？

眞的，說穿了，樂迷往往就是「神偷」一偷取神像的小偷，贏了就拜，輸了就剁，偷得草木皆兵，剁得雞犬不寧，於是乎，不管大廟小廟的神龕（內殿），都紛紛增設鐵柵，連名不見經傳的有應公廟，也加設鐵門把關；這還不夠，爲安全計，神像上鎖套鐵鏈，更有鐵條拴螺絲，連看守大地的土地公也不例外！

鎖住了「神」，拴住了「像」，神像從此入鐵監！

鐵監隔離了神與人，但隔離的了神偷嗎？

「明牌風暴」之後，最後贏的，恐怕只有兩個人，一個是組頭，一個是鐵窗匠。

神像是鎖住了，想偷也得花點力氣，但「大嘴張張，肚子漲漲」的賽錢箱呢？這又是神偷的另一個最愛，大家樂和六合彩再怎麼不流行，它還是非常流行一流行被偷。

再大的賽錢箱，整個被搬走，已不是什麼新聞，至於打破、撬開也時有所聞；大廟如此，小祠就更不用說了。然而，窮則變，變則通，聰明的「廟公」，也學起上鎖神像之法，乾脆把賽錢箱「塞」入牆壁內，然後再裝把鎖扣上，這樣子，除非你連廟也搬走，否則休想得手。

自古「保護蒼生的神明」，在大家樂和六合彩狂飈過後，恐怕要變成「蒼生保護著神明」了；在「人心不古」的今天社會，所幸有聰明才智的咱們芸芸衆生，發明了鐵柵和鐵鎖，來個「鎖著神像鎖著錢」，總算保護了神明的錢袋，也保護了神明的腦袋了！

只是，咱們是眞聰明還是假才智呢？

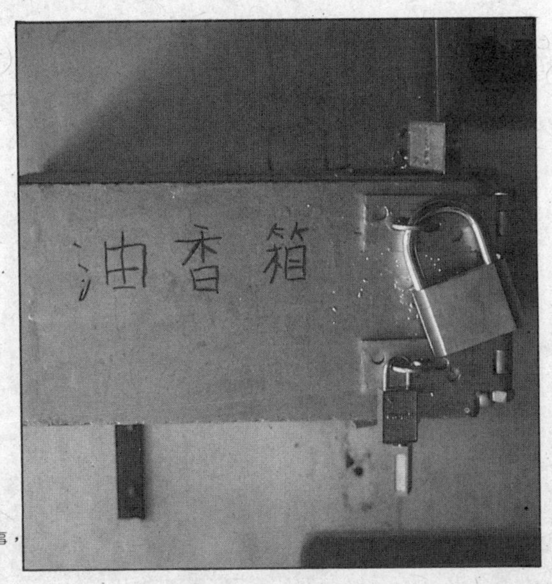

▶神偷再有天大的本事，也搞不走它吧！

第四輯／

西天篇

紙錢革命變支票

自從東漢蔡倫夫婦自導自編合演了一齣「詐死埋棺，焚紙復活」的神怪劇，而促銷紙錢成功之後，紙錢便跟漢民族結下不解之緣，如影隨形，歷兩千年而不衰，至今依然是我們拜神敬祖的最愛——最愛買，也最愛燒；將來若不經「紙錢革命」，改變的機率可能也微乎其微。

說起紙錢，可用一句話來形容，那就是：「燒者滿天下，知者能幾人？」這絕不是愛說笑，我們都會燒，但不見得就知道怎麼燒？哪一種紙錢給哪一種鬼神？紙錢可以亂買，但絕不能亂燒，燒錯了對象，連「祂們」也會哈哈大笑！

簡單的分，紙錢有貼金箔的「金紙」和貼銀箔的「銀紙」兩個系統，金紙是用來祭拜神明的，銀紙則是燒給祖先和鬼魂的。如果再加細分，那就會叫人眼花撩亂了。且看金紙系統：天金、盆金燒給天公和三界公，頂極金、大極金、壽金、刈金、九金燒給一般神明，福金燒給土地公；銀紙系統：大銀、庫錢燒給祖先，小銀燒給鬼魂；此外，還有謝神用的五彩高錢，祭亡用的黃色高錢，解運用的替身、本命錢，犒賞天兵天將用的甲馬，給鬼魂好兄弟作日用品的經衣……花花綠綠，奇奇怪怪，「講到予（ho³；給）你捌（bat⁴；認識），嘴鬚好扑（phah²；打）結」，等你搞清楚，本山人的鬍子大概也燒光了。

有人做過無聊的統計，說台灣人最會吃，每年吃掉一條高速公路，但如果有人更無聊的把台灣人燒的紙錢也做個統計，應該也會大吃一驚，每年燒掉的高速公路恐怕不只一條，只要看看神明生，看看廟會，看看大火熊熊、黑煙直冒的金爐，就知道這絕不

▶「本地工廠直營」表示品質保證和貨眞價實。

▼我們可曾想過，燒一張「金支票」以乎較省事些。

◀最現代化的瓦斯大金爐，紙錢一多時，也是燒得喘呼呼的！

是言過其實，甚且還有多得一時燒不完，廟方不得不另闢倉庫暫時存放的，許多大廟都有這種經驗。

台灣除了台北行天宮和部份佛寺不流行燒金紙外，其餘各種寺廟和各種祭儀無一例外，這是善信祈求神明或祭祀鬼魂最直接的敬意，可是這種「敬意」已經變成許多寺廟的可怕夢魘了，所以有起而倡導「折合現金」的觀念，把要燒的紙錢換成油香錢，直接捐給廟方，由廟方代購或統籌處理；但問題就出在這裡，廣大善信認爲這樣無法與神溝通，對神明來講，沒有滿足感，對自己而言，則亦無成就感，捐歸捐，燒還是要燒！千年習俗，比石頭還頑固！

然而，這也不是改變不了的，環境在變，潮流在變，時代也在變，在支票、信用卡流行的今天，我們爲什麼不能發明「金支票」、「銀支票」，來個「紙錢革命」，把千萬金銀紙化作一張支票？如此，豈不燒者輕鬆神明攜帶也輕鬆？金爐輕鬆環保生態也輕鬆？

也許你會問，神明收到支票後向誰兌現呢？這就不用咱們凡夫俗子傷腦筋了，因爲「神」通廣大，自有兌現處！

普度公燈照陰路

每年鬼月一到，台灣西南沿海地區的許多村庄，紛紛掛出「普度公燈」，爲剛出鬼門關還兩眼惺忪的大鬼小鬼愛睏鬼，和男鬼女鬼迷糊鬼照照冥路，免得夜黑踩空掉到池塘水溝裡爬不起來，在「諸事不宜」的恐懼背後，也有一份溫馨的人情。

「普度公燈」也叫「七月燈」或「鬼提燈」，民間習慣呼作「路燈」，這是一種夜間指引孤魂野鬼的照明設施，早年農村幾乎家家必備，戶戶必掛，販厝公寓大量興築後，便不再被重視了，今天只在南部數個農漁村庄，尙可偶而發現，除西南沿海的台南縣北門、將軍、佳里、台南市土城之外，高雄縣阿蓮的山區一帶，也有零星分佈。

▶七月初一拜過門口後豎起普度公燈，以爲好兄弟照陰路。

◀女鬼喜歡漂亮，就擺些胭脂水粉吧！

普度公燈多在七月初一午后掛出，一般都在「拜門口」的同時舉行。「拜門口」是在自家門口擺放簡單牲禮四果祭拜「好兄弟」的意思，月初叫「孝月頭」，表示歡迎，月底再拜一次「孝月尾」，帶有奉送起程之意。

普度公燈的造形和所用材料，可用「隨在人家」來作形容，形形色色，五花八門，不過共同特徵是：簡陋。

以造形來分，有竹筒、斗笠、方箱、神龕、小廟和六角燈型，最多的是小廟型的；依材料來分，有竹材、木塊、鐵皮、玻璃等多種，大多是就近取材的東西，有些人家還會在上面寫著：慶贊中元、國泰民安、萬事如意等等吉祥的字句，也算是美化吧！

▶好兄弟和我們一樣，也有「哈煙族」，風俗之中見人情。

除了外表的造形之外，普度公燈最重要的部份，當然就是那盞「燈」了，早年的燈，不是點蠟燭就是點油燈，少有例外，可是今天就沒人用這些東西了，清一色都是拉電線裝燈泡，傍晚時分，插頭一插，普度公燈便發揮功能了。

一般所見普度公燈的裡面，除了燈泡之外便無一物，但台南縣佳里興一帶，有在裡頭放置銀紙鬼錢之物的特例，算是給好兄弟的「瑣費」吧！而更奇特的是，在附近的將軍鄉馬沙溝漁村，更見裡面放火柴長壽煙，或針線胭脂水粉之類化粧品的，詳問之下，才知道那是給好兄弟、好姊妹用的，這般禮數，不禁教人聯想起鬼也是「哈煙」和愛美的民族，也許有怎麼樣的人，就有怎麼樣的鬼吧！

台灣農村在發展成社區之後，普遍裝設水銀燈，如螢火之光的普度公燈，變成聊備一格，再愛睏再迷糊的大小鬼，恐怕再也不容易掉到池塘水溝裡了！

掛出普度公燈，明的講，是給鬼兄弟方便行夜路，也算是一種濟世行爲，但骨子裡似乎也帶有警告的意味：此地有人在，千萬別進來！

豎燈篙下鬼請帖

七月，這是一個忙著請鬼的季節，人忙，鬼也忙一忙著應人之邀來到人間作秀。

請鬼的方法，可能有數十種；像七月初一基隆老大公廟的「開鬼門」，各地納骨塔的「開塔」。放水燈、豎燈篙等等，其中最通俗也最常見的，大概是豎燈篙。

豎燈篙較正式的叫法是「豎旛」，說白一點，就是給鬼的請帖，作醮之前絕對要豎立，因爲最後一天的普度，就是「鬼宴」；不過，也同樣有普度的七月，倒不一定每地都會豎立燈篙，不豎的反而多於豎立的，主因是七月本來就是鬼月，客人都來了，還用得著放帖子嗎？

燈篙的直接解釋是：帶燈的竹篙，多豎立在寺廟的兩側或正中央。一般分成陰竿和陽竿，陰竿是招引陸空孤魂之用（水路孤魂另有放水燈儀式），配件有地布、七星燈和招魂旗等多樣；陽竿則是邀請三界神靈之用，配件有天布、天燈和天旗等多樣。

除了陰陽兩竿之外，當然也有例外的，有些地方依「斗燈」而豎竿，也有按村庄數目而豎立的，通常都在三、五根至十幾二十來根之間，最多的紀錄，是一九八八年台南縣麻豆鎮代天府的一百卅六支，支支高聳入雲，乍看有如葉落之後的冬末竹林。

燈篙一定要在入醮之前豎立，好讓鬼神盡早看到而相約前來。豎立前，必先在「燈篙坑」內塞進鐵釘（寓出丁）、硬幣（寓生財）、木炭（寓旺盛）、犁頭生（犁片，多以鐵片代替）和穀子或豆子（後二者寓豐收）等「五穀籽」，以求吉利，然後才迅速豎立起來。

此後，白天升旗晚上升燈，好讓鬼神按圖索驥依照信號降臨。

▼燈篙在入醮前便要豎妥，如同人間的請帖一樣。

▲祀旗掛燈，正式掛牌營業。

▲七星燈是招引鬼魂之用，通常都低於天燈。

今天在高速公路上跑的野雞遊覽車，能夠很準確的上下交流道「載人客」，用的就是這套「晝旗夜燈」的通訊方法，雖然有點「土法煉鋼」，但效果可好得很呢！

燈篙一直豎立到普度之前。普度前道士團會舉行一個「降旗開普」的儀式，表示「鬼宴即將開桌，不再邀請客人」了；等到普度過後，便舉行「謝燈篙」儀式，把燈篙拔起，旗布和燈篙尾留作紀念，其餘燒金火化；所留「燈篙坑」，必先塞進「紅圓仔」和「發粿」感謝之後，才予以掩埋填平，這也隱寓著「前圓後發」的平安祈求。這個儀式結束，此一科醮便也完全落幕了。

在人來說，謝了燈篙等於宴罷送走了客人；但對鬼而言，這只是豐富的一餐，爲了豐富的每一餐，祂們得擦亮雙眼，繼續找尋旗海燈光，就像野雞遊覽車一樣！

漂帖有請水路魂

台灣各地每年至少都有一次招待孤魂野鬼的風俗，那就是七月普度，這是小場面的鬼宴，另有大場面的作醮普度，通常這種大餐是不定期舉行的，三不五時搞一次已是非常勞民傷財又傷元氣的事了。

既然設宴款待，便得誠意邀請，民間的作法是用「豎燈篙」和「放水燈」，這兩樣東西相當於我們的請帖。

「豎燈篙」專門招引空中和陸上的「好兄弟」，至於水路的衆孤魂，便用「放水燈」來邀請。

「水燈」是放進水裡的紙燈之意，都是紙糊飾品，南北皆一，只是大小不同而已，大抵北部較大較高，造形也較講究，最有名的是「基隆中元祭」；南部一般都較小較低，造形也較簡單，糊成屋形的最多，不過意義則完全一樣。

所謂「水路衆孤魂」，指的是與水有關的亡魂，如船難、溺水、流屍……祂們在陰寒的水中，是看不到路上的「燈篙」的，所以就要用水燈爲祂們照引冥路，邀請上岸接受普施，這套人溺己溺的信仰行爲，我們不能不爲民間的好禮和設想周到而感動！

「放水燈」風俗多行之於作醮普度場合，七月普度較少，尤其南部，七月是很少來這一套的。

台灣民間的普度，幾乎都在中午過後舉行，主要是配合鬼神在「未」（一說「酉」）時始出來活動的傳說，所以「放水燈」的時間，多在普度前一天下午便得施放，好讓遠一點的水鬼也能知道前來，並來得及赴宴。

「放水燈」必由道士主持，地點多在離寺廟或村庄不遠的近水

◀向前看齊！水燈端好，準備出發。

▼普度前一天始舉行放水燈，以免客人太多沒地方睡。

▼送走水燈，引來水鬼。

處，如河邊、海邊。去時，醮中各主會或私姓人手一座水燈，由道士敲鑼引路，至溪邊後先行擺香案誦經一番，再點亮燈座內蠟燭（北部則流行用燒的），然後逐一放進水中任其順流漂走，最好的時機是選擇漲潮之時，因為潮來「客」也來，水到「鬼」也到。

民間傳說，水燈漂得愈遠，這個施放者將會愈「發」愈有財運，所以放的人都會想辦法讓它流遠一些，「基隆中元祭」放水燈時，便屢見涉水及胸的推送者，南部雖然沒這麼「瘋」，但捲褲管、撐竹筏、拿竹竿推送的，也不在少數，大家在求遠求「發」之餘，可能都忘了水燈漂遠的宗教意義了，殊不知漂得愈遠將會請來愈多水鬼，由此也可以略窺台灣民間「信仰繁衍」的厲害與可愛。

不過，話說回來，這種解釋有時候也是通的，請來的鬼客人愈多，不正代表此家和氣好客、家興財旺嗎？和氣能生財，好客能大發呀！

世間果眞有鬼，以禮待之，做人成功矣！

普神普鬼普衆生

在台灣沒看過「普度」，那是很困難的事，七月有之，作醮有之，年頭有之，年尾亦有之，有時候會多得叫人不得不看到，足見台灣民間的普度，實在多得離譜。

普度主要是宴請「好兄弟」（孤魂野鬼），從豎燈篙、放水燈招引海陸空衆孤魂開始，各家各戶便不得怠慢，得爲普施的孤品籌備而忙碌，這一忙得忙到普度當天把孤品擺上孤棚爲止。

孤品從能吃的到不能吃的，從能喝的到不能喝的，應有盡有，琳琅滿目，連麻將、四色牌等賭具也都奉上了，設想可眞周到，

▼「看牲」摸八圈，不要怕沒錢，有的是支票。

目的無他，唯請「好兄弟」笑納，希望吃完喝夠玩足了，趕快上路，不要在此地逗留。

而在寺廟方面，必備有紙糊的「男堂」、「女室」和「寒林所」（翰林所），招待各種身份的孤魂野鬼，男的歸男堂，女的歸女室，較有學問的就進寒林所；不過，來者是客，既然是「客」，就要客氣一點，不能胡亂搗蛋，這裡可是有「普陀岩」（佛祖山）在管制，這也是紙糊神物，佈局是這樣：佛祖當頭坐，善才良女兩邊排，四海龍王來鎮守，四大金剛做護法，三藏師徒超度往西方，外加一尊鬼王大士爺（普度公），專門監控衆孤魂，諒你頑皮鬼、搗蛋鬼也要收斂幾分！

爲讓孤魂野鬼能在飽食佳餚之餘，也能得到超度，脫離魂飛魄散的漂泊生涯，所以寺廟在普度當天，必定搭設「救苦台」，由僧人或道士登台說法，誦唸超度經懺招引孤魂，使祂們都能聞經超

▶在台灣要看大型拜拜，只有作醮普度，大普才能大吃。

◀普神普鬼，當然也普衆生。

度，並能夠「皈依太上經，往升西天界」。

這場超度，正式的名稱叫「放焰口」，完全公開，對道士團而言，這也是一場頗有趣味的道士戲，表演的不只是道士，台下觀衆也是很好的演員。

當經懺誦唸到一個段落時，頭戴「三清五帝冠」的高功道士，便會撒米變糧，並三不五時丟擲糕餅、糖果、水果、硬幣……普施孤魂，送給陰間「好兄弟」「搶」用，不過，搶的往往不是看不到的「好兄弟」，而是我們這些陽間的「好兄弟」，當然囉，米是沒人會去搶的，其他的東西，那怕只是一枚硬幣、一粒橘子，也會群飛齊舞擠破頭的去搶，用斗笠用竹籮去接的，也比比皆是，更有跑到後台來要的，這可眞是一場人和鬼衆樂樂的普施遊戲呀！普度普度，普了神普了鬼不也普了芸芸衆生！

這些糕餅、果糖等等微不足道的東西，怎麼總會招引這麼多人去搶奪？有時眞教人搞不懂，在民間雖有「吃平安」的說法，但這種由鬼食變爲平安物的繁衍，可愛是可愛了些，不過也離譜了些！

大家搶孤來嚇鬼

從來沒有人敢得罪悠遊於陰陽兩界的「好兄弟」，因為「無以為大，唯鬼獨尊」，我們賄賂都來不及了，怎敢與祂干戈相向？不過個人也許沒這個膽量，但大夥兒搞在一塊兒，可就不一定了！普度過後的「搶孤」，就是一種運用集體力量的「嚇鬼行動」！

「搶孤」，與鬼搶奪孤品之意。此一習俗必在普度之後舉行，早期多為七月普度，近年來則多在作醮普度場合，今天除了屏東縣恆春鎮城西里天后宮每六年舉辦三次（即辦三年停三年，一九九〇、一九九一、一九九二年舉行，一九九三、一九九四、一九九五年停辦）的「七月十五搶孤賽」，尚算定期舉行外，其餘就比較少見了，倒是一九八七、一九八八連續兩年的台南縣麻豆鎮代天府，和一九八九年的台南縣新營市太子宮兩廟，曾模仿「搶孤」形態而設計「搶旗」比賽，轟轟烈烈搞了三年，只是後來都無疾而終，沒有下文了。不過，一九九一年宜蘭頭城恢復舉行傳統搶孤，卻大為轟動。

「搶孤」的原始形態，是在一座搭設很高的「孤棚」上，擺放許多供品，提供信徒搶奪，當比賽的銅鑼響起，衆人便可一擁而上，來個衆樂樂，這種賽法極易產生危險，所以光緒十（一八八四）年時，曾被劉銘傳禁止，但並未徹底執行，民間還是我行我素，最有名的地區是台北板橋、土城和宜蘭頭城一帶。

現今的「搶孤」方式，顯然溫和多了，一般都以四柱為主，柱粗約在一台尺，高則多採三丈六，上設「搶孤台」，比賽時不是搶奪孤品，而是搶旗奪標，可視為大型的爬竿（應該說「爬柱」）比賽。

▼搶孤原意是搶奪孤品，
今已成爬杆比賽。

▼無夠力了，看來非掉下
來不可。

比賽時，報名者當中只能「抽鬮」選出四個參賽，因爲只能比賽一次，也就是只「搶」一次，民間認爲這樣才不會使「好兄弟」翻臉，這個想法也許是「趕人也得留三分情」的延伸吧！在此，民間有一種說法，這四支柱子分別由天公、地公、三界公和孤魂野鬼所盤據，前三者是「神」，可拉你一把，增加攀爬速度，後者是「鬼」，會扯你後腿，讓你永遠爬不上去，說來也眞有趣，不過這也挺人性化的，至少爲爬不上去的選手找了個下台階，再說白一點，這就是咱們所謂的「牽拖哲學」！

比賽鑼（哨）聲一下，如同爬竿，先到頂端「搶孤台」奪旗者爲優勝，獎金獎品全歸他的，主辦廟方還得聘請「古吹陣」專程歡送，看來民間的禮數還是滿週到的！

「搶孤」本來是一種驅鬼行動，但在民間已繁衍出民俗性的體育活動，早期也許具有「團結力量大」的意義，不過在今天，我們多半抱著觀賞「猴子爬樹」的看戲心情，最希望的是，最好被「吊」在半空中「觀天望地」！

火燒鬼王大士爺

農曆七月，民間俗稱「鬼月」，鬼門關大開，孤魂野鬼憋了一年，總算可以休假外出旅行了，遊縣食縣，遊府食府，盡情的享受一個月。

而民間也不敢怠慢，初一下午都得「拜門口」的來個歡迎式，接著從初二到月底，各庄各廟還得選擇一日舉行「普度」，大肆慰賞宴客，讓這些「好兄弟仔」（孤魂野鬼）飽食一番，祈求祂們不要在此搗蛋，爲非作歹捉弄人畜，並希望進而保祐四時無災、六畜興旺，平安大發財！

「普度」不但七月有，「三不五時」（偶而）舉行的作醮，最後一天也有「普度」，它的目的與意義和七月完全一樣，這種「祀鬼」儀式，可視作台灣民間畏懼鬼神心理下的一種賄賂行爲，心態有趣而耐人尋味！我們許多的人際關係不都也是這樣嗎？所差的只是一個公開一個不公開罷了！不過，在賄賂野鬼之餘，對祂們還是不放心的，想想，總該有個比鬼還厲害的鬼出來管管祂們吧？於是民間便設計了這個鬼—鬼王大士爺！

相傳最早大士爺是孤魂野鬼的頭目，經常率領大鬼小鬼出來爲非作歹，使得人間擾攘不安，後來經人們向觀音菩薩求救而予以降服，收爲部下，從此棄邪歸正，可是人們還是怕祂「鬼性」不改，所以便在祂的頭上立個觀音佛像，長相左右，就近監管。

基本上，大士爺具有雙重「人格」，對鬼而言，祂是十方惡鬼的統帥，可以對大鬼小鬼發號司令，因此有「鬼王」之稱；對人而言，祂又是菩薩的化身，能夠保祐蒼生免受孤魂野鬼捉弄，所以民間也叫祂作「普度公」，這種「神鬼一體」的性格，在諸多神祇

◀我們不是兄弟，只是有緣相聚而已。

▼搶洗好兄弟的洗臉水，
竟比好兄弟還厲害。

中，大概僅此一尊。民間所見的大士爺造形，皆爲竹架紙糊樣式，一般都在成人高度，可能唯一的一個例外，是在台南縣安定鄉蘇厝村的眞護宮，此廟每逢丑辰未戌三年一科三月上旬舉行的「瘟醮」送王船祭典中，都造有一尊奇大無比約在三、四樓高的大士爺；然不管高度如何，祂的造形大抵是這樣：頭頂觀音、額上雙角、面目猙獰、張牙吐舌、身穿盔甲、背插五鋒、手執令旗，一副兇惡的武將打扮，這般德性不但懾鬼，其實也蠻嚇人的！

「普度」當天，大士爺必得被請至現場鎭守，一來管理孤魂野鬼，一來代表「鬼界」接受人間獻禮；「普度」結束後，和著金銀紙，一把火送祂們上路，可是燒了大士爺，並沒有燒了孤魂野鬼，所燒的，只是人們的心中鬼！

大士爺的信仰功能，可視作民間對不可知世界的一個平衡作用的設計，可是在可知的世界裡，我們卻往往無法設計出一個平衡的人際關係！與鬼相處難，與人相處更難！

▼大士爺，求求您！請好
兄弟不要戲弄我家那隻
老田雞。

丐幫進駐狀元府

外匯存底高達八百億美元的咱們台灣，尚有爲三餐而四處行乞的丐幫兄弟嘛？答案是肯定的，而且還不僅是丐幫兄弟而已，丐幫姐妹，丐幫全家福多得是呢！平常也許只是三三兩兩、隱隱藏藏，但一到作醮，便見三五成群結件而行，扶老攜幼、攜家帶眷而紛紛重現江湖了！

作醮是台灣民間的最大祭典，隆重而盛大，豐富而有「吃頭」，各地丐幫兄弟就看上這點，哪裡有作醮便到那裡化緣，哪裡有熱鬧便在那裡出現；而作醮主辦寺廟，爲求醮典圓滿、人和事諧，便多會設置「狀元府」來安頓這些來自五湖四海的「喬峰族」，以維觀瞻，形成醮局之外的另一個有趣景觀。

「狀元府」也叫狀元營、狀元寮、福食間，最貼切的名詞是「乞食寮」。

◀「狀元登記服務處」，只要證件齊全，來者就是狀元。

爲什麼叫狀元府呢？這是有典故的。原來此府所指的「狀元」就是宋代的呂蒙正和明代的鄭元和（小說創作人物），兩人共同的特徵是：微時行乞；就僅這層關係，乞丐便和狀元搭上邊了，人稱狀元爺、狀元公或狀元婆，落腳處則稱狀元府。

而有趣的是，有些狀元府的門聯是這樣寫的：

官居極品呂蒙正

巍進三公鄭元和

▼這就是狀元府，像話嘛？

◀狀元婆挨家挨戶舞弄「乞丐獅」要紅包，叫人無奈。

此外還有一副聯對，也經常被用在狀元府：

兩國爲君薛平貴

天下主母李宸妃

薛平貴就是「紅鬃烈馬」的男主角，少年曾行乞多年，和「苦守寒窰十八年」的王寶釧，有著一段淒美的愛情故事，後來因緣際會成爲中番兩國國王；而李宸妃則爲宋仁宗生母，曾因「貍貓換太子」事件被迫流落民間行乞。由此看來，只要曾經當過乞丐而後來爲官爲仕者，管他是歷史故事還是小說人物，都將會成爲丐幫的崇拜偶像，也許這是一種「阿Q式」的精神勝利法吧！

狀元府多在入醮之後開府，接受有貧戶證明的人申請和進駐，彼此約法三章，廟方每天提供煙酒和豐富三餐，結束後再發給數百元紅包和數包白米；而丐者得遵守兩件事，那就是：不得進入村中或廟中，更不得在府中鬧事。

之所以這樣規定，目的是在維護醮域清靜，避免入庄四處討食而影響醮事，而最重要的，就是在防止乞丐接近燈篙而褻瀆神聖鬼魂；爲避免這些無謂麻煩，所以已有愈來愈多的寺廟，乾脆採行「登記制」的狀元府，登記後即可回去，待醮典結束後再來領紅包和米包。不過，問題也來了，這種類似回饋社會的救濟行爲，卻也引來許多好吃懶做，專發「醮事財」的「兄弟人」的捧場，最明顯的例子是：開賓士來領五百元！

一路叫魂看美女

人，終其一生，不管流芳百世或遺臭萬年，最後都要入土為安，與草木同朽，這大概是上帝造人唯一最公平的地方，因此，「死，葬之以禮」的後事，也就成為每個人可能都得面臨且必辦的工作，其實這也是一種教育，今日我辦人，他日人辦我，辦來辦去，辦出了屬於咱們的喪葬文化。

照理講，人死之後是再也無法溝通了，因為「祂」早已「有聽沒有到」了，可是，在咱們的喪葬禮俗中，卻偏偏有許多說給祂聽的時機。在儀式上，我們會視為理所當然，因為我們都習以為常了；但是在好些非儀式場合裡的「叫魂」，有時會叫旁觀者聽了噴飯，像棺木店載來棺木時，孝男孝女孝孫都得一字排開跪迎，大叫：某某，你的「新厝」來了！

「新厝」最後入土了，喪家大小在完成「配灰土」（用喪服衣角裝土倒在棺上）表示親手埋葬時，便得同時大喊：某某，起來喔！轉來（derng² lai³；回家）啦！

其實，這種叫法是有理論依據的。中國傳統有「三魂七魄」的觀念，所謂「三魂」，一魂上天報到，一魂在棺木內（所以要掃墓），一魂在「神主牌」，叫「起來喔！轉來喔！」便是叫祂趕快進入「神主牌」，好讓大家迎請回家；至於「七魄」，則隨遺體在地下自然消失。

不過話說回來，如果此時祂真的「破土起來，跟你回家」，在場的人恐怕都會被嚇得屁滾尿流！

而最好笑的叫法，莫過於火葬了。當棺木送進熊熊大火的窯裡那一剎那，在場的喪家大小都得這樣廝喊：某某，大火來了，趕

▼「卜轉彎囉，毋通一直
行。」

快走（tzau²）啊！

走，趕快走！大家都怕火，在生怕火，死了當然也怕火，人同此心，心同此理，燒是會痛的！

只是，要是眞的「走」了，那就白燒了！

火葬翌日，喪家得回到火葬場撿拾遺骨，以便帶回「進塔」，也

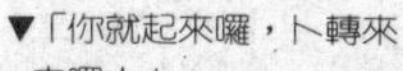

▼「你就起來囉，卜轉來去囉！」

▼「火來了，較緊走啊！」

就是請入靈骨塔供奉；撿拾既畢，即刻打道回府，不管坐車還是走路，沿途逢彎過橋都得下口令：「某某，卜 (beh¹，要) 轉彎了！」「某某，卜過橋囉！」深怕一個不小心走丟了或掉到橋下喝水去了，這一叫得叫到目的地。

聽一位友人講過一則這樣的故事：某人從火葬場請回亡父的靈骨後，一路上也是逢彎喊彎，逢橋喊橋，但每遇有路過小姐，總再加這麼一句台詞：爸仔，頭前有美女，足媠 (sui²；漂亮) 的！

原來他的父親在世最大的興趣是看牛肉場和電子琴花車表演，而且風雨無阻，再遠也去！

這樣叫，也是一種孝道？只是眞正行注目禮的，是祂還是他？

父子無啥相傳，唯此一好。

貓吊樹頭上西天

「死貓吊樹頭，死狗放水流」，這是台灣至今依然盛行不衰的民間風俗，前者南部還「保存」得很好，尤其西南沿海一帶，許多鄉道或產業道路兩旁的木麻黃，便都「棵棵有包包，包包有貓貓」蔚為一景—足以叫人揑鼻作嘔的一景。

貓和狗是兩種「靈性」較高的人類寵物，在信仰意識形態裡，也表現出較特殊的觀念，像貓「叫春」，說是不祥預兆，跳過屍體，說是會屍變……像狗「爬厝頂」，說是火災徵兆，半夜「吹狗螺」（嚎哮），說是牠看到幽魂縹緲……今天我們當然都不會相信這些說法了，但「靈性」的觀念卻還是一直影響著我們，舉最簡單的一個例子，騎車或開車撞到什麼禽獸，好像沒什麼關係，但撞到或輾斃貓狗就不行了，因為貓狗會索命，不在車底燒點銀紙，送牠到西天，恐怕馬上就要出車禍了！雖然我們都知道這是無稽之談，但「寧可信其有」的醬缸觀念，卻叫我們不得不敷衍一番！

知道這層關係，也許我們就不再難以理解為什麼死豬、死雞、死鴨都有人吃，唯有死貓死狗要送上西天的道理了！可是，為什麼死貓一定要吊樹頭，死狗一定要放水流呢？這就牽扯到民間信仰中的靈魂觀念了，民間的說法是：貓會爬樹，吊在樹頭好讓牠爬向西天；狗會游水，丟進水裡可以讓牠游向西天。聽來也滿合理的！

不過也有另一種說法是這樣：據說貓頭裡面某些成份可以當中藥使用，把死貓吊在樹頭，就是要讓貓屍風乾和晒乾，乾後才能取下貓頭使用；至於死狗則一點用處也沒有，只好將牠放水流了。

▼死貓吊樹頭，吊走樹頭
也吊走環保。

死貓吊樹頭的方法，早年只要一條繩子就夠了，脖子一套，樹枝一吊便結了，近年來則多用塑膠袋或麻袋裝吊，有人還在繩上繫附銀紙或古仔紙，算是給牠的「路費」，看來也滿有人情味的！但對死狗就草率多了，只要丟進水裡，「噗通」一聲便大功告成了！

說來也眞諷刺，幾乎沒人會把死貓吊在自己家附近的樹頭上，也找不到有人會把死狗丟在住家附近的溪河裡，這也就難怪此物爲什麼依然到處可見了！可是這麼一吊這麼一丟，卻將我們的生態環境破壞了，不但影響景觀衛生，也污染了水質。我們可曾想過：貓屍腐爛，臭味千里，蚊蠅麕集的景象？死狗漂流，屍腐腹脹，最後又被打回岸邊的情景？眞要讓牠超生，火化、土埋都是很好的方法，只要「葬之以禮」，死貓死狗都會瞑目的！如果這種觀念不改，這種習俗將永遠是台灣民間的一項陋俗──一項陋得很嚴重的惡俗！

向佛借點光

——我看黃文博的民俗研究

小時候最喜歡的兩個節日，就是過年和祭祖。

祭祖，一定要燒幾樣菜餚，還煮一鍋米飯。大人們拈香跪在孝思堂前，莊嚴肅穆地祭拜，口中唸唸有詞，好像是什麼「三牲酒禮來祭拜，閤家平安大發財；囝仔頭殼定，五穀六畜興」的禱詞，而我們這些小搗蛋，雖然嘻嘻哈哈的隨著大人們跪拜一番，可是心裡卻老是想著供桌上香噴噴的「紅龜粿」。

過年最高興了，不但有年糕吃，又有壓歲錢可領，過年也就是

▶叫你不要跟來偏不聽，回家換你扛。

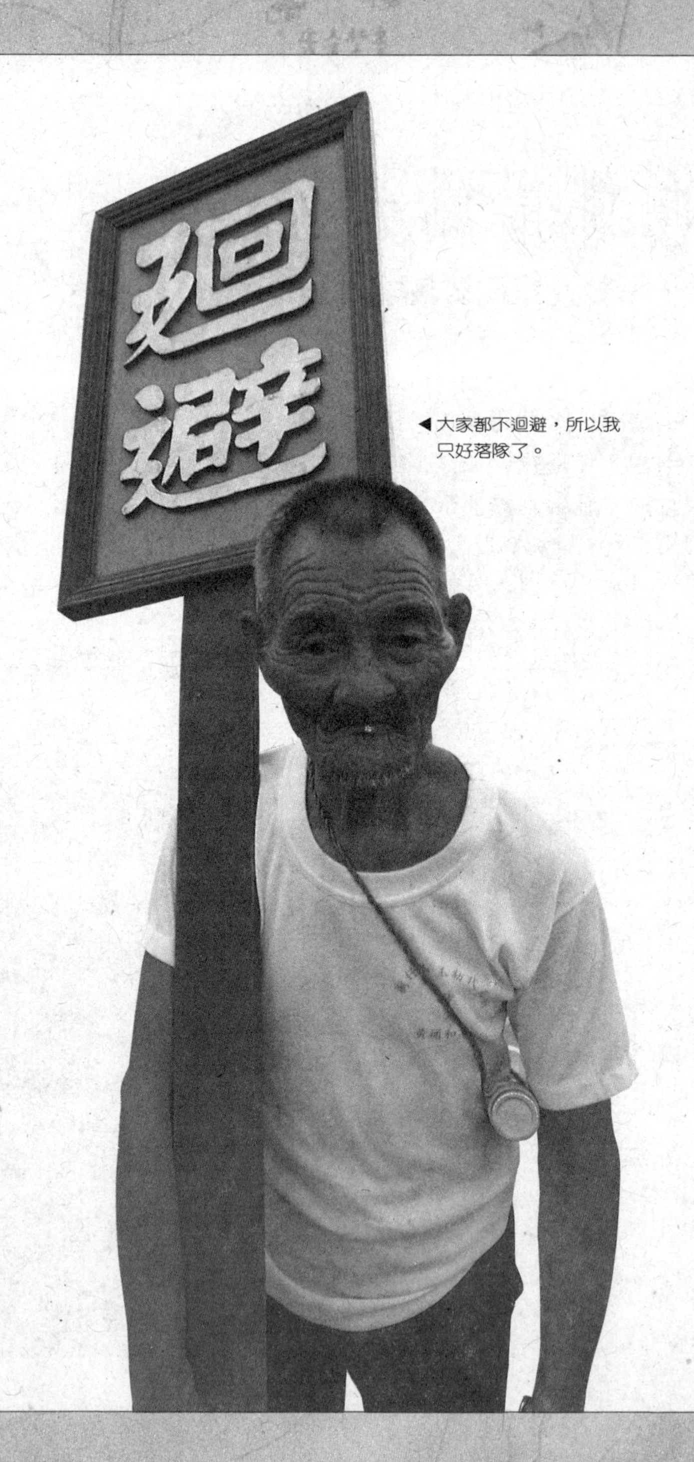

◀大家都不迴避，所以我只好落隊了。

春節的那幾天，總是東奔西跑到處逛，不愁吃不愁穿的，甚至賭個「小博兒」，大人們還管不著呢！

到了青年時代，因社會經濟環境的改變，因求知求學方式的塡鴨，那些過年時節的雀躍歡愉，祭祖後的白米豐餐，似乎遠遠地離開了周遭，那份企望的心態已不復存在。倒是人到了中年，經歷了許許多多的婚喪喜慶，一些家務事，一些應酬，一些鄉里的習俗，非但要參與其內，而且更需親自操持。歲月不斷增長，年紀漸趨老大，漸漸地感覺到自己才像個道地的台灣人，原來，台灣人就是生活在台灣民情風俗裡的一群島民。縱使你曾離鄉去國千萬里，回來時還是一身台灣習氣，一個原原本本的台灣人。

黃文博的年紀比我小許多，他住北門鄉井仔脚（永華村），我住將軍鄉頂山仔脚（廣山村），同是濱臨台灣海峽，同是生活在海邊的孩子。但是，黃文博對於周遭環境的認知比我敏感，對於鄉里民俗的興趣比我高。不知道起於何年何月，黃文博揹著一部相機，靠著一枝筆，以及向前行的兩條腿，每到一處必入鄉問俗，每有節慶必捷足先登；他到過窮鄉僻壤，他側身古老民俗世界，憑著一股探尋民俗技藝的認知心，憑著一泓整理故有民俗技藝的歷史感；他爲了分析比較各地區喪禮的異同，拍攝了大量的喪葬場面，篆刻家凃順從在黃文博的書房裡，當他第一次看到了那麼多「扛棺材」的照片時，不禁開玩笑說：「你連棺材都扛回來了，不忌諱嗎？」「裡面還放著二百多具呢！」黃文博灑脫地指著壁間的檔案櫃大笑。

老實說，一個民俗研究者，若有許多禁忌，那麼一些喪葬的習

▼媽，我的圍兜怎麼跟弟
弟的不同？

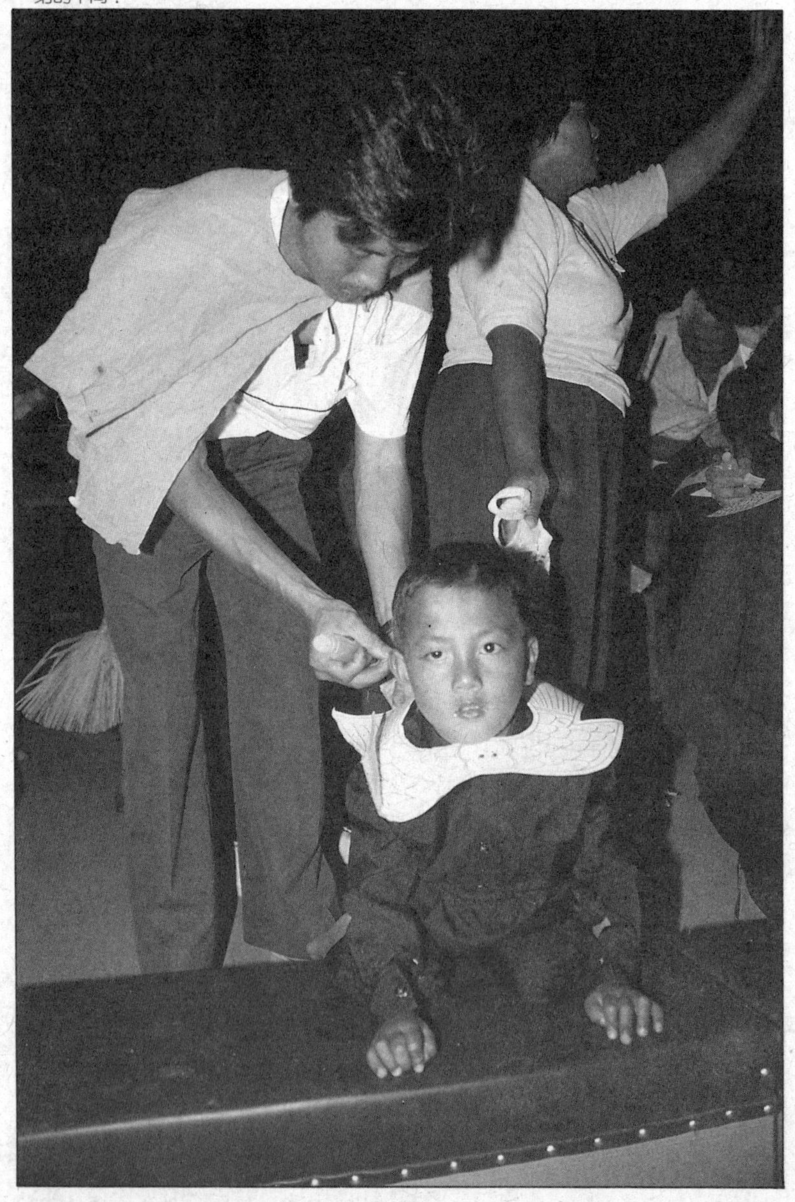

▲吹一首別的啦！不要老是兩隻老虎嘛！

俗就無法探討了，像「拾黃金」爲先人洗骨的重要葬俗，倘若「怕死人」，不敢去「接近死人」，那麼這項研究工作就只好付之闕如了。

民俗是一個族群自古以來，對於生、老、病、死所需要或必要，漸漸演化而成的一些儀軌或娛樂。台灣族群，除原住民外，以「河洛」、「客家」二族群居多，其民俗、技藝各自不同，因之，在民俗的研究整理上，更構成一個非常豐富的層面。「台灣人不可不知台灣史」台灣人若然不知台灣史，現今的經濟奇蹟如何飛黃騰達，外匯的存底如何增高，都會令人越來越覺得虛懸而無根，越來越感到浩瀚而無岸。更申言之，我們不知台灣的民俗、技藝之由來，就像一個人不知有父母生育，就像一個族群不知有姓氏的區分一樣，既無法共體生活樂趣，又不能珍惜創發之美。台灣目前的亂象，並不可把是非推拖在經濟的發展上，並不可把罪惡推拖在政治的革新上，我們追根究底，赫然發現一我們因對自己民俗、技藝的認知淺薄，以致產生對民俗、技藝的蔑視與歪曲；我們因對自己民俗、技藝的信心動搖，以致產生對民俗、技藝的揚棄與殘害。啊！如果你連自己的面目都不知，都不想知，都不想愛，那麼，你還有什麼根？還有什麼希望呢！

黃文博對於民俗、技藝的追尋與整理工作，不只是他的興趣而已，黃文博把他探訪的結果，一冊復一冊地寫出來，印出來，不僅生花妙筆、逸趣橫生，而且，圖文並茂，舉証確鑿，誠如他的序言〈消遣神，消遣人〉一般。其實他的書既可當輕鬆散文看，也可當學術論文讀。彙集的辛苦，整理的慘淡，他的耕耘與成果，是值得我們尊敬與肯定的。

吳鈞

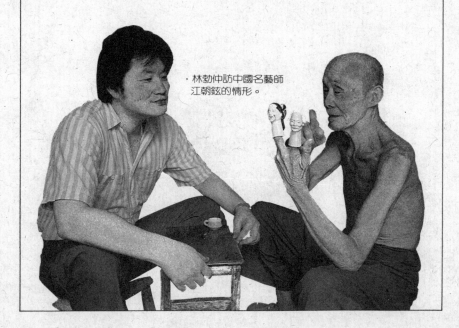

⊙臺原田野作家⊙

客家語言研究的中流砥柱
—羅肇錦

八〇年代中期以降，雙語教育漸成爲人們關注的焦點，然而多數人所提的第二語，都指閩南話，唯一有能耐又堅持客家語言尊嚴的，只有羅肇錦一人，他花了十餘個寒暑，潛心研究客家話，並試圖理出一條大家都可接受的壯闊道路，一九九一年，他更以〈台灣的客家話〉勇奪「台灣客家文化獎」，可謂實至名歸！

羅肇錦力作

台灣的客家話・定價340元

重建台灣客家民族尊嚴的語文史

⊙臺原田野作家⊙

觀點獨特，勇於立論的專家

—蔡相煇

出身北港，自幼在媽祖德澤下成長的蔡相煇，是台灣學界中的異數，他對台灣的王爺與媽祖，有獨特的看法與論點，對台灣的通俗信仰，更有深入淺出的見識，透過他，正可認識一個全新觀點的民俗世界。

蔡相煇二書

台灣的王爺與媽祖・定價200元

信仰領域中辛酸、殘酷的政爭史實

台灣的祠祀與宗教・定價220元

神靈世界與移民組織間微妙的關係

國立中央圖書館出版品預行編目資料

消遣神與人：臺灣民俗消遣／黃文博文・攝影
--第一版.--臺北市：臺原出版：吳氏總經銷，民82
面；　公分.--(臺灣智慧叢刊；12)
ISBN 957-9261-33-4 (平裝)

1.風俗習慣－臺灣

538.8232　　81006660

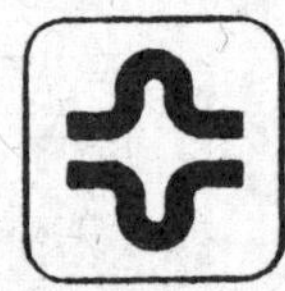

⊙台灣智慧叢刊12⊙

消遣神與人
台灣民俗消遣
作者／黃文博
校對／黃文博・范蓉芳・鄭敦仁

發 行 人／林經甫
總 編 輯／劉還月
執行主編／吳瑞琴
編　　輯／詹慧玲・李志芬
美術編輯／林瑞雲
出版發行／臺原出版社
地　　址／台北市松江路85巷5號
電　　話／(02)5072222
郵政劃撥／12647018
出版登記／局版台業字第4356號

定　　價／新台幣175元
第一版第一刷／1993(民82)年1月

台灣智慧叢書策劃／臺原藝術文化基金會
董事長／林經甫
董　事／林錦華・莊智淳・陳正雄・陳嘉男・蔡金培
賴鋕平・陳天寶・郭春祺・余文弘・郭俊男
法律顧問／許森貴律師
地　　址／台北市長安西路246號4樓
電腦排版／鴻霖電腦排版公司
地　　址／台北市仁愛路四段112巷63號3F
電　　話／(02)7555969
印　　刷／廣浩彩色印刷公司
電　　話／(02)2235117・2239404
總 經 銷／吳氏圖書公司
地　　址／台北市和平西路一段150號3樓之1
電　　話／(02)3034150

ISBN 957-9261-33-4
●本書採用再生紙印刷

荒埔

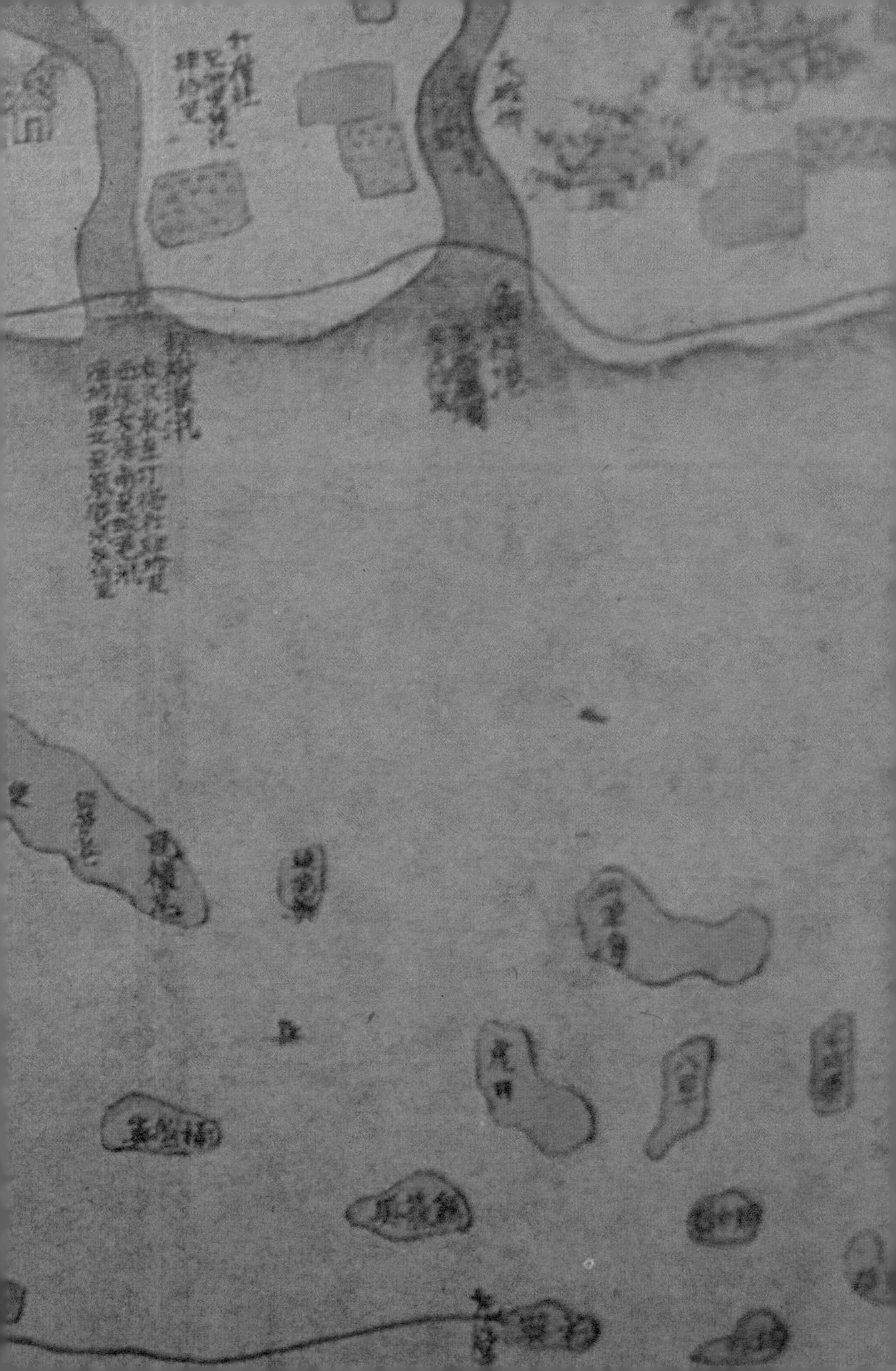